"十三五"职业教育部委级规划教材

# 男装产品开发

## （第3版）

张剑峰　编著

中国纺织出版社有限公司

## 内 容 提 要

本书属于"十三五"职业教育部委级规划教材系列丛书,从男性着装入手,对男装、男装设计师、男装产品的设计构思和设计方法、产品设计要素、单品分类设计、品牌产品设计以及品牌男装终端形象都作了翔实的分析。全书结构严谨,层次清晰,内容丰富,图文并茂,实用性强,以科学、实用的发展观统领课程内容,具有很强的可操作性。

本书既适合高等职业院校的服装专业作教学用书,也可作为服装爱好者的参考用书。

**图书在版编目(CIP)数据**

男装产品开发 / 张剑峰编著. --3 版. --北京:
中国纺织出版社有限公司, 2020.8
"十三五"职业教育部委级规划教材
ISBN 978-7-5180-7414-3

Ⅰ. ①男… Ⅱ. ①张… Ⅲ. ①男服—服装设计—高等
职业教育—教材 Ⅳ.①TS941.718

中国版本图书馆 CIP 数据核字(2020)第 079465 号

---

策划编辑:郭 沫 张晓芳 责任编辑:郭 沫
责任校对:王花妮 责任印制:何 建

---

中国纺织出版社有限公司出版发行
地址:北京市朝阳区百子湾东里 A407 号楼 邮政编码:100124
销售电话:010—67004422 传真:010—87155801
http://www.c-textilep.com
中国纺织出版社天猫旗舰店
官方微博 http://weibo.com/2119887771
北京通天印刷有限责任公司印刷 各地新华书店经销
2012 年 9 月第 1 版 2015 年 6 月第 2 版
2020 年 8 月第 3 版第 1 次印刷
开本:787×1092 1/16 印张:14
字数:200 千字 定价:68.00 元

---

凡购本书,如有缺页、倒页、脱页,由本社图书营销中心调换

# 第 3 版前言

从本书第 2 版修订出版到现在又有了五年的时间，这五年的时间里自己主要的研究点在服饰搭配和传统印染技艺植物染的研究，看似与男装设计没有直接的涉及，却从另一个方面看到了设计趋势的变化和消费者的变化。

在这一次的再版中，整本书的内容结构变化不大，第一章在重要事件对男装的影响中，增加了街头文化对男装的影响；典型样式对男装的影响中增加了工装对男装的影响，工装对年轻的消费者来说是复古的样式接受。第二章到第六章，采用更加贴近流行的案例进行说明，从这些案例更好地阐述了男装产品设计开发以"消费者为中心"的设计理念和当下男装流行趋势。我们可以看到，男装的消费主力军从"70"后、"80"后转向到了"90"后、"00"后，这些新生代的男性自小有相对优渥的经济条件，受到良好的教育，喜欢动漫、网络、电子商务购物，他们已经开始注重养生、环保，敢于尝试和探索，这些都改变着消费者的审美需求。近几年，Hip-Hop、嘻哈、街头、说唱、街舞、涂鸦、滑板，这些街头文化深深影响着人们的审美和服饰着装观念，使原本自上而下的流行趋势受自下而上街头时尚的影响，让时尚更加多元化、个性化、休闲化、年轻化。国际潮流趋势，人们更加注重健康、环保、环境问题以及对未来的探索，混合、交融、跨界合作、定制化设计、手工艺得到重新尊重。据流行趋势预测，传统的扎染工艺正在以 160% 多的上升趋势成为服装设计的设计趋向。

感谢这本书第 1 版和第 2 版的编辑以及现任编辑郭沫老师。感谢我的同学盛武斌，让我有机会在企业工作了 5 年，有了实践经验。感谢宁波绣花厂厂长和宁波印染厂经理以及植物染宋立同学，在编著图案的工艺实现一部分中，他们提供了翔实的资料，并对某些工艺进行了详细的讲解。感谢魏文波小姐、沈娟小姐，宁波国际服装节，中国国际服装节，丰富了资料收集的途径。感谢我工作的单位，他们对科研的重视。与 WGSN 网站的合作，使我在写作本书时，有了第一手清晰、时尚、前沿的资料。感谢 www.vogue.com，www.style.com 网站和其他网络工作者，是他们对时尚的热爱，才方便了我资料的收集和分享。

由于编写时间仓促，来不及一一标出，向其他资料提供者致敬。欢迎联系，我定当表示感谢。还要感谢我的女儿和先生对我工作的支持。

张剑峰
2020 年 1 月于宁波

# 第 2 版前言

本书是我通过企业的五年实践工作经验，结合学校"男装项目课程"的教学而写，因为那段时间一边忙于企业的设计，一边要进行学校的教学工作，写写停停，从立项到最后完稿差不多七年的时间。从书的体系而言，因为时间长的关系，加之那几年服装行业转型升级的变化，教材涉及的内容更加饱满和有实际意义，且在编写的过程中由于已有写教材的经历，因此非常顺利完成本书的编著。这次本书升格为国家级教材，实感欣慰。

由于服装行业的发展，本人被学校委派担任服装陈列与展示设计专业主任一职，从一个服装设计的工作者和教学者，转到服装陈列教学行业的带头人，虽然同是服装大行业的背景，但两者的视野是不同的，为本次的第 2 版出版修订增添了新的思路和内容。服装陈列需要宏观的服装视野，如品牌意识、色彩营销意识、设计意识、价格意识、消费者意识等综合考虑。因此对服装设计的意识有了更全面的理解和把握。反映在服装设计中则需要设计师加强"以消费者为中心"的设计概念，如近几年男性思想的开放，对流行色的需求不断加大，体现在服装产品设计上则是男装同样要跟上流行的节拍；需要有以终端卖场整体营销形象的色彩、产品规划以及文化意识等。同时更为深刻地意识到服装设计行业需要很强的团队合作精神，一件服装从产品到商品需要经历设计、制作、计划、物流、陈列、营销等部门的合作。

在本书第 2 版修订中，去掉了一些较为理论的讲解，增加了企业实际运作过程中重要的工作方法、程序和内容。第一章从男装发展简述、男装设计师的素养及面临的任务两个方面来写。将"设计价值与男装市场"改为"市场环境与设计价值"，对当前全球化、本土化、中性化，以及一级、二级、三级市场的区分做了解释。让受众能更明确地了解设计的背景。第二章男装的设计构思与设计方法，在布局中变化不大，但涉及的案例和图片做了更为全面的分析，使内容更有针对性和可操作性。第三章男装设计要素涉及流行、面料、款式、色彩、图案五个方面都进行了详细的分析。在色彩一节中增加了男装的常用色彩内容的讲解，如增加了红色系、橙色系、黄色系、绿色系、紫色系的讲解，使男装的常用色与女装一致，这是男性消费者对服装色彩新的需求，更是时代性的体现。第四章是从男装单品设计的角度来分析，如对礼服、西服、衬衫、夹克、裤子、毛衫、T恤七个品类分别进行了设计上的分析，在案例及图片的选用上更加丰富、新颖。第五章从品牌产品的开发来分析，将品牌产品在设计过程中所涉及的步骤，如调研、企划、设计、订货会以及产品管理这一流程都进行了详细的说明。第五章是修订重点的部分，加强了企业在实际操作过程中，对产品构成的企划部分做了重点的阐述和案例分析，增加了订货会前准备和召开订货会的内容，让大家了解订货会工作的方法、程序和内容。第六章对男装产品终端形象做了大幅度地调整和修订，增加了男装店铺形象构成、男装店铺视觉要素与陈列方式，旨在通过对终端店铺要素的分析，让设计师在前期的企划以及后期的设计环节都能考虑品牌产品设计的统一性、可搭配性以及文化性，进而提高产品的卖点。

　　这本书花费了中国纺织出版社张程老师和杨旭老师的心血，在此表示感谢。感谢同学盛武斌，是他的慧眼促使我在企业五年的工作经历。感谢宁波绣花厂厂长和宁波印染厂经理，在编著图案工艺实现一节中，他们提供了非常翔实的资料，并对某些工艺进行了详细的讲解。感谢宁波国际服装节和中国国际服装节，丰富了资料收集的途径。感谢宁波雅戈尔集团，感谢宁波帕加尼服饰公司陈列主管魏文波小姐和沈娟小姐，她们为我提供了暑期的男装卖场实习，使我得到了第一手男装卖场形象和产品设计的资料。感谢我的学生们，本书有很多的案例产生于他们之手。感谢我的工作单位，他们对科研、教学工作的重视。与 www.stylesight.com 以及 WGSN网站的合作，使我在进行本书的编辑时，有了第一手的时尚、前沿的资料。也感谢穿针引线、www.vogue.com、www.style.com 网站和其他网络工作者，是他们对时尚的热爱，才方便了我资料的收集和分享。

　　由于在编辑时时间仓促，对一些这里还没有提到，涉及一些版权费用等方面敬请原谅，请到时联系我或者出版社，将给予补上。还要感谢我的女儿和先生对我工作的支持！

张剑峰

2014 年 2 月于宁波

# 第 1 版前言

2003 年结束清华大学美术学院的访问学者身份后，我就开始了企业兼职的经历。一直到 2008 年年底，五年时间里，我相继为三家男装企业服务，担任设计总监一职。2009 年之后，由于各方面的原因，我不再在企业兼职做男装设计，安心从事教学工作。

《男装产品开发》一书从 2005 年开始筹划，被列入浙江省教育科学规划课题，2007 年编好初稿交与中国纺织出版社杨旭老师。在修改的过程中，由于正忙于参与企业的设计项目，出书一事就被搁置下来。如今市场上对男装方面的书的需求越来越多，因此，重新编著本书，针对当前男装行业的转型升级和市场发展需求对书的内容做了重新规划，从男装到男装设计师，从设计构思到设计方法，从设计元素到单品设计，从品牌化产品设计到终端卖场形象等，对男装产品设计中所涉及的各个方面都进行了详细的叙述。

本书共分为六章。第一章概述，包括男装简述、男装设计师的职业素养和工作任务两个方面。主要内容有重要事件和典型款式对男装的影响、设计价值与男装市场、男装分类、男性体型特点、男装设计师的工作任务和职业素养。第二章介绍男装的设计构思和设计方法，对男装设计中运用较多的设计思维和设计方法进行分析，从定位构思、反向构思、联想构思、发散构思入手进行设计思维的分析，再从模仿、情感、问题、借鉴、反对、工艺、集思广益入手进行设计方法的分析。第三章、第四章、第五章以及第六章是本书的重点。第三章男装设计要素涉及流行、面料、款式、色彩、图案五个方面，并对它们进行详细分析。第四章是对男装单品设计的分析，对礼服、西服、衬衫、夹克、裤子、毛衫、T 恤七个品类分别进行设计上的分析。第五章是对品牌产品的开发进行分析，将品牌产品在设计过程中所涉及的调研、企划、设计、订货会、产品管理五个环节都进行详细的说明。第六章是介绍品牌设计与终端卖场形象的重要性，以几个典型的男装品牌陈列为案例，分析在进行男装终端卖场形象陈列时需要注意的地方。

这本书凝聚中国纺织出版社很多编辑老师的心血，在此对他们表示感谢。感谢同学盛武斌，是他的慧眼让我有了在企业五年的工作经历。感谢宁波绣花厂厂长和宁波印染厂经理，在编写图案工艺实现的内容时，他们提供了非常详细的资料，并对某些工艺进行了详细的讲解。感谢宁波帕加尼服饰公司陈列主管魏文波小姐和沈娟小姐，她们为我提供了暑期的男装卖场实习机会，让我得到了第一手关于男装卖场形象陈列和产品设计的资料。感谢周爱英、张明杰为我提供了图片；感谢我的学生为我提供了设计图稿；感谢我的工作单位浙江纺织服装职业技术学院对科研、教学工作的重视；感谢与美国国际时尚专业预测网站 www.stylesight. com 的合作，让我在进行本书编写时，有了第一手时尚、前沿的资料；也感谢穿针引线网（www. eeff. net）、Vogue 时尚网（www. vogue. com）、美国时尚之家网（www. style.

com）以及其他网络工作者，是他们对时尚的热爱，才方便了我对资料的收集和分享。由于编写时间仓促，对在此未提及的帮助者表示歉意，如果涉及版权费用等问题，请与我或者中国纺织出版社联系，我们将及时处理。最后，还要感谢我的女儿和先生，谢谢他们一直以来对我工作的支持！

张剑峰

2012 年 3 月于甬

# 目录

# 基础理论——

## 概述

课程名称：概述

课程内容：男装发展简述、男装设计师的素养及面临的工作任务

课程时间：2 课时

训练目的：让学生了解重要事件和典型样式对男装发展的影响，以及市场环境与设计价值的关系，同时了解作为男装设计师需要具备的素养和要面临的工作任务。

教学方式：多媒体授课，使用大量案例和图片进行教学，让学生对男装设计有所认知。

教学要求：1. 让学生了解重要事件、典型样式对男装的影响。

2. 让学生了解市场环境与设计价值的关系。

3. 让学生了解男装分类及男性的体型特点。

4. 让学生了解作为一名男装设计师应具备的素养和要面临的工作任务。

课前准备：准备男装产品开发的案例手册或男装设计项目文本。

# 第一章　概述

衣食住行是人类必不可少的物质需求，构成了人类社会文化的一部分，也形成了明显的时代特征。服饰是一个人文化修养、审美情趣、身份地位、经济水平以及气质特征的综合体现，是一个人符号化的形象，人们的情感通过服饰无声的语言进行传达。男装，作为一种社会文化形态和现代艺术设计的重要组成部分，对创造良好的生活方式、提高人们的生活品位起着重要的促进作用。纵观世界服装发展史，男装对女装的影响不可忽视，西服、牛仔服、运动服、工作服这些本属于男性的专有服装，一开始与时尚、流行无关，如今却风靡全球，对女装设计产生了重大的影响。随着男装产业的不断发展，男性对时尚的多样化需求，男装品类不再局限于服装、服饰，香水、化妆品、男性时尚传媒等附属产业也相应兴起，使得男装对流行色的需求也逐年增大。

## 第一节　男装发展简述

纵观男装的历史发展长河，可以看出因为受到政治、经济、文化、战争、艺术、宗教等因素的影响，现代男装穿着的生活理念和生活方式与以往相比发生了巨大的变化，简化了过去烦琐的礼节着装，向轻便化、休闲化、个性化、多元化发展。

### 一、重要事件对男装的影响

男装的发展经历了几个重要事件："孔雀革命"影响了男装色彩的发展，"年轻风暴"影响了男装穿着样式的发展，"休闲风"影响了男装着装理念的发展，"街头文化"影响了男性的服饰搭配理念。

#### （一）孔雀革命

20世纪60年代在欧洲爆发的"孔雀革命"，是对男性服装色彩发展的推进。通过添加色彩和图案，穿着花格衬衫和彩色裤子，打破了男装以往沉闷的风格，使传统男装发生了根本性的改变，如图1-1所示。

#### （二）年轻风暴

20世纪60年代后期，在美国的西海岸，战争之后新生代的年轻独生子女们大多数推崇反主流文化和与之相关的生活方式，出现了嬉皮士、摩登族和朋克风格的反主流男士着装，极大地推动了服装亚文化的发展。在这里，嬉皮士们避开主流时尚，蓄长发和下垂的小胡子，从异族中吸取灵感，穿着"柔情、颓废"的服饰，打破了19世纪以来西方传统男性在服饰形象上以"阳刚英挺"为主的风格，出现了性别模糊的"中性服装"，以此来展现他们幻想的乌托邦，如图 1-2 所示。而如今随着男性着装色彩的多样化，色彩的鲜活性在众多品牌中得以体现。

图 1-1　"孔雀革命"服饰　　　　　图 1-2　20 世纪 60 年代的亚文化着装

### （三）休闲风

20 世纪 70~80 年代是男装产品从传统造型向设计发展的转型期。随着以欧美国家为代表的社会经济的日渐发展，便装星期五、假日休闲、旅游等观念开始兴起，男装逐渐向休闲化发展，在时尚消费领域中，男装被提升到与女装同等的地位，如图 1-3 所示。而在之前的男装设计中，设计的成分相对较少，主要以各种礼服和传统的西服为主，强调工艺和面料。这次革新，见证了三位著名男装设计师的出现。

意大利设计师乔治·阿玛尼（Giorgio Armani）于 1975 年创立了自己的男装品牌阿玛尼（Armani）。20 世纪 80 年代，他在男装设计中去掉了僵硬的里衬，首次注入美国校园休闲、舒适的着装理念，革新了裁剪法，采用类似亚麻和超轻薄的毛料质感的柔软面料（这些面料之前都只在女装中使用），使男性的便装休闲化，引导了 20 世纪 80 年代男装的新潮流，如图 1-4所示。

美国设计师拉尔夫·劳伦（Ralph Lauren），引导了一种服装生活理念。在他的店铺中，除了服装，还设计搭配了整套的生活用具，如皮质卧榻、古董运动装饰画、炙热的壁炉、纳瓦霍地毯等。一走进店铺，就给顾客一种进入绅士俱乐部或者大草原上小木屋的感觉。

美国设计师卡尔文·克莱恩（Calvin Klein）则将男装领域拓展到香水、化妆品等。

图 1-3　休闲风男装

图 1-4　乔治·阿玛尼的服装

## （四）街头文化

Hip-Hop、嘻哈、街头、说唱、街舞、涂鸦、滑板这些街头文化，成为型酷、时尚、现代、年轻的象征。这些街头文化也同样成为高端品牌、奢侈品牌的设计引用，使原来高贵、典雅、传统的奢侈品牌运用街头元素的时尚影子而显得年轻有活力，如图 1-5 所示。Louis Vuitton（路易威登）与街头品牌 Supreme 的合作就是一个典型的例子。

图 1-5　街头文化对男性着装的影响

## 二、典型样式对男装的影响

### （一）西装

西装是男装中最具代表性的服装，它根据男性的体型特点，通过精湛的工艺及丰富的细节变化来美化男性形体和着装内涵。从 17 世纪末开始到现在，西装已有 300 多年的发展历史，是男装中一款经典的样式，如图 1-6 所示。

图 1-6　西服样式

### （二）牛仔服

牛仔服原是 19 世纪的美国人为应付繁重的日常劳作而设计出的一种工作服，过去一直难登大雅之堂。如今，牛仔服跻身时尚界，巧妙地迎合流行，不断变换款式，从而风靡全球。牛仔服不仅在高级服装中时有出现，在商务男装中也有出现，是时尚休闲男性的必备服装。同时，为了迎合潮流，牛仔服不断变换，并且在制作过程中派生出了很多工艺手法，如扎染、破洞、磨砂、拼接、刺绣等。色彩上除了牛仔的传统色靛蓝之外，与时代接轨的各种流行色纷纷登场，图案也较之前丰富，如格子、迷彩、涂鸦等。牛仔已完全时装化，在时尚潮流相关门户专门开辟了丹宁（即牛仔）设计专栏，介绍牛仔的色彩、工艺、款式等的流行，影响着人们的着装观念，如图 1-7 所示。近几年的流行中，牛仔服从采用靛蓝染色，回归到天然染色健康、环保以及复古的理念中。

### （三）运动装

随着人们生活水平的大幅提高，投身到各种体育运动的时间也越来越多，积极、健康、阳光的生活方式成为时尚主流，运动装几乎渗透到人们生活的各个领域。体育运动为服装、面料、款式设计以及搭配理念带来了灵感。尤其是运动员所表现出来的阳光、健美以及现代体育运动国际化、大众化的导向，让运动装以一种新的时尚形象出现在大众面前，提高了消费者对运动装的认识。由于运动项目的多样性，如户外服、骑行服、轮滑服等，人们对运动装的要求也是不同的，多数运动装以明快的色彩、对比性的配色、线条感或块面的色彩设计为主，如图1-8所示。

前几年，男装品牌纷纷开发高尔夫系列的服装，以迎合男性着装方式的变化。如今，运动品牌的男装也日趋时尚化，将运动的生活方式与男装设计紧密联系。同时，街舞等街头休闲项目在年轻人中兴起，影响着年轻男性的着装方式。

图 1-7　牛仔的时尚趋势设计

图 1-8　生活方式对运动装的影响

## （四）军装

将军用服装特有的阳刚气质融入男装设计中，并考虑加入与环境相关的人体工学要素，采用军装耐磨、防水、透气、防紫外线、防蚊等科技元素，以及保护色花型迷彩服、大口袋等设计运用在男装之中，对男装的发展有着深远的影响，如图1-9所示。

图1-9　含有军装元素的男装设计

**（五）工装**

将工作时的服装特点应用在时尚流行中形成新的趋势，被年轻人更多地接受。究其原因，看似传统的工装样式，对于年轻人来说却是新的视觉模式，再次是模仿长辈穿着的趣味性，如图1-10所示。

图1-10　工装元素在服装中的流行

### 三、市场环境与设计价值

据相关数据显示，男装市场发展的趋势呈上升趋势，男人们越来越注重自身的穿着打扮，他们花在挑选和购买服装上的时间也越来越多，很多品牌开始推出男装系列。例如，迪奥（Dior）品牌在2000年推出了迪奥·桀傲（Dior Homme）的品牌男装系列，路易威登（Louis Vuitton）品牌也于2011年9月在米兰的蒙特拿破仑（Via Montenapoleone）名街旗舰店推出了男装定制服务。

**（一）市场环境**

随着全球市场经济一体化发展，很多品牌运用统一的品牌理念进行全球化销售，并且实行了全球化采购和本土化战略，以及全球资源共享和利润的最大化。

在这里需要了解几个全球市场环境下的概念，全球化、本土化、中性化，以及市场的分类，即一级市场、二级市场、三级市场等。

**1. 全球化**

全球化是一个以经济全球化为核心，包含各国、各民族、各地区在政治、文化、科技、军事、安全、意识形态、生活方式、价值观念等多层次、多领域的相互联系、影响、制约的多元概念。在男装中体现的是市场全球化，如北京 SKR、上海恒隆广场、宁波和义大道等聚集了国际上的众多品牌；另外是全球化采购，如瑞典品牌海恩斯莫里斯（H&M）从印度、马来西亚、摩洛哥以及我国等进行产品和原材料采购。2020 年，一场突如其来的新冠疫情在全球爆发，国际上对全球化有了新的想法，已经形成的全球化产业链究竟会怎么走向呢？

**2. 本土化**

本土化是相对全球化而言的另一趋势和潮流。由于全球化强调在市场与科技力量支持下，全球商品、消费、文化、价值观和各地人们的行为模式都有趋同的发展。通俗地讲就是要入乡随俗，以消费者为核心，企业整合本地优势资源适应当地消费者的需求。例如，德国品牌西雅衣家（C&A）在中国销售的90%以上的产品原产地为中国，管理团队和设计生产人员基本来自中国。西班牙品牌飒拉（Zara）在上海建立了中国办事处，主要从事中国 Zara 品牌的设计、生产、采购、管理和终端陈列等。

**3. 中性化**

中性化是模糊性别概念的一种设计，是在色彩、板型、图案、材质以及搭配上的模糊性别的设计概念。现代的男西服和男西裤的板型为瘦身的修身板型。最先推出这种板型的 Dior Homme 品牌，商务典范的品牌杰尼亚（Zegna）也在次年适应消费者的需求推出了时尚的修身板型。中性化的设计，将男装市场推向了时尚化的设计，改变了原来人们对男装的传统印象。

**4. 一级市场、二级市场、三级市场**

市场分类一般是根据城市的经济、政治等综合因素进行划分。北京、上海、广州、重庆、天津和国家计划的单列市等属于一级市场；各省会城市、沿海发达地区的地级市等属于二级市场；各省地级城市和沿海发达地区的县级市等属于三级市场。当然随着城市经济的发展、政治地位的变化，一级市场、二级市场的划分也会随之发生改变。即使是北京、上海这样的城市，区域位置的不同，也分为一类市场、二类市场以及三类市场。以宁波为例，和义大道、国际购物中心等商圈属于一类市场，是针对高消费人群设立的市场；天一商圈、银泰、新世界属于二类市场，是针对城市中等消费层次人群设立的市场；二百、新华联等商场属于三类市场，是针对消费层次相对较低，城市周边人群消费层次为主的市场。

**（二）设计价值**

产品设计必须使设计具有商品属性，通过市场实现其商品价值。设计价值需要通过设计的实用性、流行性、时效性和文化性充分体现。

**1. 实用性**

设计的实用性要符合消费对象经济上的承受能力、生理上的舒适性、精神上的愉悦性，并考虑产品本身在设计过程中所涉及的实操性，如图1-11所示。随着互联网、物联网的发展，尤其是新冠疫情以及新零售，人们居家办公越来越多，所以人们对于舒服、功能性强的家居、工作兼用的实用性服饰有了新的需求。

图1-11 服装的实用性

**2. 时效性**

服装产品具有很强的季节性，设计师紧跟流行所设计的产品，必须要应季进行销售。严密的生产计划、上市计划以及物流配送是设计时效性的保障。因为同样一件服装，季前由于款式新颖、审美突出、视觉冲击力强可以卖到很高的价格，季末则由于几个月的视觉冲击导致审美上的疲劳，再加上款式过季，就会降价销售，如图1-12所示。

图1-12 服装的时效性

**3. 流行性**

流行是人喜新厌旧的表现，当设计师将他设计的新产品推向市场的时候，消费者有一种焕然一新的感觉。但经过一段时间的视觉冲击后，就会出现似曾相识的审美疲劳。因此，需要设计师不断地创造新的视觉形态，以符合消费者的视觉需求，如图1-13所示，都是在当下追求复古风的男装体现。

图 1-13　复古风男装的流行

### 4. 文化性

男装设计需要具备深厚的文化底蕴和鲜明的个性特色，这样在国际化的市场背景下，才有更强的竞争力和生命力。反之，缺乏传统文化、民族精神的设计，往往千篇一律，缺乏个性。文化不是局限在"文化"两个字的概念之中，而是与时俱进、动态的文化，用服装语言去表达服装背后的文化故事。Louis Vuitton 品牌不仅在于其 100 多年的历史，更在于其在品牌文化的建设上，如 2012 年与日本草间弥生（Lyayoi Kusama）合作创意的点的橱窗设计。2019 年推出有现代特色的橱窗设计，展示其品牌文化特色，如图 1-14 所示。

图 1-14　Louis Vuitton 2019 橱窗创意设计

### 四、男装分类

服装的分类标准可以从许多不同的角度考虑，历史、季节气候、材料质地、制作方式以及服装风格等。但一般而言，根据现代男装的设计特点，主要有以下三种分类方法。

按照男装的种类进行分类，可分为礼服、西服、衬衫、裤装、夹克、外套、毛衫、T 恤八个大类。

按照消费者的生活方式进行分类，也就是说要根据时间（Time）、地点（Place）、场合

（Occasion）来正确选择和穿着服装，可分为上班服、工作服、休闲服、运动服、家居服、社交服、礼服等。

按照着装风格进行分类，可分为职业风格、休闲风格、运动风格。

### 五、男性体型特点

男性的体型从正面看呈倒梯形状，宽肩、窄臀。后肩略向前冲，肌肉发达，骨骼明显，肘部远离腰部，两腿呈 O 型，如图 1-15 所示。

男性的体型可分为瘦弱型、标准型、肥胖型，如图 1-16 所示。标准型的体型无须多加解释，是穿什么衣服都好看的体型；肥胖型的体型跟标准型相比，脖子短而粗，有肚子，手臂和腿较粗；瘦弱型刚好与肥胖型相反，脖子长而细，手臂和腿细长。当然还有一些特殊的体型，如二肩高低、大腿特别粗、翘臀等。

通常，男性在结婚之后几年，身体会变得结实，年纪再大些会出现"将军肚"。32 岁大概为男性体型的分界线：32 岁之前，体型总体来说属于偏瘦型或标准型；32 岁之后，男性的胸部丰满、肚子结实。时下收腰很细的瘦身板型的服装就穿不上去了，在设计适合这种年龄段的瘦身西服，往往会在腰部做一个腰省，增大腰部的活动量，如 Dior Homme 是瘦身板型的元老，该品牌为了扩大消费群体，迎合更多能消费

脖子粗
肩往前冲

肩宽，胸腔
呈倒梯形

肘部远离腰部
腰围线往下

骨盆呈正梯形
臀窄

两腿呈 O 型

图 1-15　男性体型特点

瘦弱型

标准型

肥胖型

图 1-16　男性不同体型对比

的潜在目标群体，在西服外观不变的基础上，就是采用这一方式进行西服再设计。

# 第二节 男装设计师的素养及面临的工作任务

男装设计师运用一定的思维形式、美学规律和设计程序，将自己的设计构思通过适当的材料、裁剪和工艺手段制成实物，这就要求男装设计师具备基本的职业素养，而且要清楚在设计过程中自己所面临的工作任务。

## 一、男装设计师应具备的职业素养

想成为一名优秀的男装设计师，不仅要有扎实的专业知识、丰富的社会阅历、灵活的工作方法、较高的审美修养和巧妙的设计方法等，还需要从大设计的视野来看待男装设计。

### （一）敏锐的市场信息捕捉能力

紧跟流行趋势和社会热点问题，敏锐地捕捉细节变化。具有较强的色彩搭配能力和服装审美能力，从服装的造型、色彩、细节、整体风格和服饰配件考虑，要保持"一致"与"协调"。同时，还要具有在卖点与设计点之间寻求平衡的能力、创造能力、想象能力，以及对各类销售款式进行数据分析的能力。

### （二）对设计对象和服装史全面了解

当今的设计是以消费者为核心，所以了解男性的着装动机、着装目的、消费心理、生活方式和体型特点，有利于进行针对性的设计。而了解服装史，是对文化的挖掘、风格样式的理解以及对着装文化的提炼和展示，是灵感的主要来源。

### （三）较好的专业素养

精通面料、工艺以及男装板型，擅长设计标志图案和 T 恤上的图案，精通信息技术并能够精细地制图，熟练掌握 CorelDRAW、Photoshop、Illustrator 等设计软件。

### （四）团队协作的能力

由于服装设计是一项团队工作，是面辅料、产品设计、缝制、销售等团队合作的产物。因此，作为服装设计师必须要具备良好的沟通、组织能力，以及周密的逻辑思考能力和产品研发能力，要懂得如何处理人际关系。

## 二、男装设计师面临的工作任务

随着服装产业的转型和国际化市场的形成，男装设计师可分为设计型设计师和买手型设计师。

### （一）设计型设计师面临的工作任务

根据分工不同，设计型设计师还可以分为设计总监、单品设计师、助理设计师、毛衫设计师以及图案花型设计师。具体工作任务见表 1-1。

表1-1 设计型设计师面临的工作任务

| 工作岗位 | 设计师工作任务 |
|---|---|
| 设计总监 | ● 负责品牌每季产品的设计企划<br>● 负责制订每季产品的调研计划和调研工作<br>● 负责管理设计师团队<br>● 负责整盘货品的整合<br>● 负责样衣采购、产品开发及样衣确认工作<br>● 负责下属设计师产品开发的确认工作<br>● 负责新品手册、主题、设计说明等<br>● 负责订货会及与其他部门的沟通工作<br>● 按照制订产品开发计划，配合运营、市场、产品部门展开各项工作，一起推进计划的顺利执行 |
| 单品设计师 | ● 收集整理流行元素及趋势，根据上级安排进行市场调研，提交调研报告<br>● 开发单品、跟进打样、审板<br>● 负责产前样的确认<br>● 负责单品面料的调样<br>● 完成计划内开发数量的打样资料，确认样板数量及相应的生产资料，负责品牌设计资料归档 |
| 图案花型设计师 | ●收集整理流行元素及趋势，根据品牌风格进行图案设计<br>●具有手绘或软件绘画能力<br>●负责图案的设计开发，图案的工艺证明<br>●负责与印染联系，确认服装图案成品印染设计打板<br>●完成计划内开发图案设计方案，确认相应的生产工艺，负责图案设计资料归档及市场销售跟踪 |
| 助理设计师 | ● 收集整理负责单品的流行元素及趋势，根据上级安排进行市场调研，提交调研报告<br>● 完成计划内单品开发数量的打样资料，确认样板数量及相应的生产资料<br>● 负责每季品牌设计资料归档<br>● 协助设计师做好款式收集和出款工作<br>● 协助设计师做好样衣跟进工作<br>● 协助设计师做好设计部其他工作，如调面料小样等 |
| 毛衫设计师 | ● 收集整理毛衫流行元素及趋势，根据上级安排进行市场调研，提交调研报告<br>● 完成计划内毛衫开发数量的打样资料，确认样板数量及相应的生产资料<br>● 负责每季毛衫产品的设计资料归档工作<br>● 负责毛衫的设计、开发、跟进以及产前样确认工作<br>● 完成计划内开发数量的打样资料，跟进打样，确认毛衫产前样，负责品牌设计资料归档 |

## （二）买手型设计师面临的工作任务

时装买手在我国是个新兴的职业，大概在2009年才出现，以前类似的工作在国内被称为采购。时尚买手主要服务于品牌公司、商场或精品店。品牌公司买手有专门的买手团队，也有一些品牌公司由设计主管、形象主管共同构成买手团队，时装主管制订整体的采购策略，但允许买手自行决定采购的内容。商场和精品店通常细分商品种类，所以买手分工购买某一个领域或部门的产品，如针织衫或服饰品。

时尚买手必须知道哪些产品在热卖中、哪些在时尚媒体上出现过，并能提前预测半年至一年后顾客的需求。买手大部分的时间都用于参观展室中的成品或与销售人员会面。他们除了能迅速地向设计师提供如何推广作品的信息，还能迅速地提供如何改进一个系列作品的信息。买手的工作主要有两种形式，买入和导出：买入主要是采购样衣或者采购成品，到国内或国外采购样衣后进行再设计或者生产；导出是指从卖场终端考虑服装的销售，因而作为时尚买手还需要了解服装陈列的知识和销售数据的分析方法。买手型设计师的工作任务见表1-2。

表1-2 买手型设计师面临的工作任务

| 工作岗位 | 设计师工作任务 |
| --- | --- |
| 买手设计总监 | ● 负责品牌每季产品的设计企划<br>● 负责每季产品的调研计划和调研工作<br>● 负责管理设计师团队<br>● 负责整盘货品的资金预算<br>● 负责样衣采购<br>● 负责下属设计师采购产品的确认工作<br>● 负责新品手册、主题、设计说明等<br>● 负责订货会及与其他部门的沟通工作<br>● 按照制订产品开发计划，配合营运、市场、产品部门展开各项工作，一起推进计划的顺利执行 |
| 买手助理 | ● 收集整理流行元素及趋势，根据上级安排进行市场调研，提交调研报告<br>● 负责单品的数据分析和采购预算<br>● 采购单品，跟进打样，审板<br>● 负责产前样的确认<br>● 完成计划内采购数量的打样资料，确认样板采购数量及相应的生产资料，负责品牌设计资料归档 |

## ☞ 思考题

1. 哪些事件影响了男装的发展？是怎么样的影响？
2. 男装的典型样式有哪几种？
3. 男装设计师应具备怎样的职业素养？

## 男装产品的设计构思和设计方法

**课程名称**：男装产品的设计构思和设计方法

**课程内容**：男装产品的设计构思、男装设计方法

**课程时间**：6 课时

**教学目的**：让学生掌握男装产品的设计构思和设计方法。

**教学方式**：多媒体、实物相结合进行教学，让学生了解男装产品的设计构思和设计方法。

**教学要求**：1. 让学生了解男装产品的设计构思：定位构思、反向构思、联想构思以及发散构思。

2. 让学生掌握从模仿入手、从情感入手、从问题入手、从借鉴入手、从反对入手、从工艺入手以及集思广益的男装设计方法。

**课前准备**：准备典型的男装设计款式。

# 第二章 男装产品的设计构思和设计方法

设计构思的产生，是设计师长期实践经验和知识积累的集中体现，是设计师思维活动深入凝聚焦点的集中爆发，也是设计师有意识和无意识思维活动的大冲撞。它与设计者的经验、阅历、美学修养、专业知识等综合素质有关，也与职业道德、敬业精神、法律法规、计划管理等职业素质相关。这些诸多方面的知识进行全面的综合和思考，以及设计的市场反馈，构成了有意识的思维能力，再加上各种创新能力的培养和探索，就形成了良好的设计基础和设计能力。

## 第一节 男装产品的设计构思

男装产品的设计构思可以从定位构思、反向构思、联想构思和发散构思四个方面进行分析。

### 一、定位构思

定位构思是男装产品设计中最重要的思维方式之一。在现代设计理念中，是围绕以消费者为中心的定位设计，如图 2-1 所示。针对潜在的目标对象或目标群，对他们的年龄（心理年龄）、生理、心理特征、职业、美学修养、经济水平、消费层次以及消费方式进行逐项地分析，再进行产品设计，如图 2-2 所示，对消费者的年龄定位和价格定位为坐标的消费者分析。设计对象——消费者一旦确定，他们的消费层次也就明确了，针对此类人群开发的产品的功能和价格就能基本确定，然后就对产品开发中形、色、质的运用有了很大的限定。另外，消费者对应的市场、店铺的形象、商圈环境等也都有了基本的方向。

图 2-1 以消费者为中心的定位构思

图 2-2　年龄定位、价格定位分析图

定位品牌风格，需要确定品牌风格对应的形容词，如摩登、休闲、现代、职业、复古等，在同样的坐标下确定每个形容词对应的比重为多少，如图 2-3、图 2-4 所示。

图 2-3　品牌风格形容词定位分析图

图 2-4　Dior Homme 与 Intrex 品牌比较

通过产品品类定位进行分析，根据品牌风格定位不同，产品品类也会有所不同。例如，商务品牌的品类有西服套装、单件西服、衬衫、夹克、毛衫、裤子、外套等，主打的产品品类以正装西服以及西服内的衬衫、领带、商务外套、正装饰品为主；休闲品牌则没有了正装西服的品类，主打的品类以 T 恤、毛衫、裤子、夹克为主，如图 2-5、图 2-6 所示。

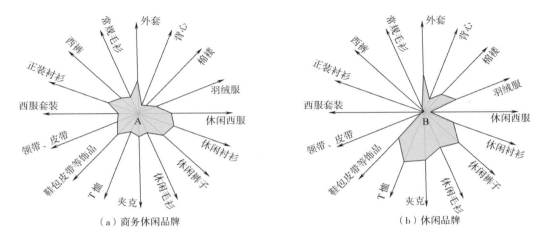

（a）商务休闲品牌　　　　　　　　　　（b）休闲品牌

图 2-5　产品品类定位分析图

图 2-6　正装与休闲装品牌比较

不同风格、价格、品类的定位，对于面料、工艺的要求也会有所不同。针对成功男士设计的高档商务服装，需要高品质的面料、精湛的工艺、鲜明的品牌个性和高品位的市场去匹配。意大利高档商务品牌 Zegna，其品牌定位于 35～50 岁、有一定经济地位的商务男性，因此，服装在产品开发中采用高档的羊毛和羊绒面料、工艺精湛、色彩沉稳，针对中高档的消费人群。而针对经济基础一般、追求时尚的男性，服装款式必须时尚，做工一般即可，面料可以用涤毛、仿毛等，可以看出，两者的市场定位不同会导致销售的场所也不同，前者销售的市场在经济繁荣的一二级市场，而后者则以大众消费的三级市场为主，如图 2-7 所示。

图 2-7 高中档服装品牌用料比较

　　品牌用色色调是一个品牌的个性。不同的色调区域所呈现的个性不同，以日本 PCCS 色调图为基准进行分析。从这个色调图可以看出，越在上面则明度高，显轻盈、可爱、浪漫；越到下面则明度低，显得厚重、端庄、神秘。而从左到右来分析，是色彩的纯度（现在也有人提出为艳度）关系，越到右边则纯度高，显得活跃、开朗、轻松、刺激；越到左边则纯度低，显得安静、内敛、优雅；中间含灰的则显得舒适自然。色调是明度和纯度综合起来分析的调子，如图 2-8 所示，A 区域用色色调的品牌是男性的、端庄的、信赖的，B 区域用色色调的品牌则是自然的、舒适的、休闲的。不同品牌的色调用色区域，如图 2-9 所示。

图 2-8 品牌用色色调定位分析图

信赖感设计　　　　　　　　休闲感设计

图 2-9　不同品牌的色调用色区域设计

## 二、反向构思

反向构思是打破常规的认识意识，用逆反的思维或发展的眼光进行设计构思。设计需要借鉴，有很多固定的模式可以参考学习，在设计之前要做大量的调研和情报收集工作。一旦开始进行设计，就要学会从零开始，不然，设计思维会被限定，往往被自己所谓的经验和习惯思维所约束。

现在市场上最为流行的牛仔裤、牛仔服一直是象征劳动人民的服饰，有着传奇般的故事。近年来，代表平民服饰的牛仔服同样出现在高级成衣和商务白领的着装中。

在男装产品开发中，采用反向构思进行服装设计，主要从款型、色彩、面料着手。男装的款型不再只是 T 型或者 H 型，O 型、A 型时有出现，并且越来越多的男性穿修身的服装，而年轻人则更喜欢穿宽大的服装，如图 2-10 所示。色彩也是一样，以前鲜少使用的亮色在男装设计中用得越来越多，越早采用流行色的产品就越会受到消费者的关注。原来约定俗成的西服套装样式，现在则是九分裤配以正装西服，成为正装搭配新的流行样

图 2-10　男装色彩、款式反向构思

式，甚至内穿的长大衣穿在了西服的外面，如图2-11所示。

图2-11 正装西服配九分裤以及正装内穿

男装着装色彩越来越丰富，流行色同样被男装广泛应用，款式搭配上有了新的创意，如图2-12所示。

打破男装用料的特点是意大利设计师乔治·阿玛尼首创先河，他最先改变男装用料，将女性休闲面料用在男装的休闲夹克中，革新了男装的服装用料。如图2-13所示，在男装中采用了透明的衬衫面料，体现了一种朦胧的性感和中性化，或者采用高科技方法，在运动装中采用黏合的表面效果，体现出一种质感。

### 三、联想构思

联想构思需要有丰富的经验和对应的方法，以新视野、大视角的眼光看问题。大视角就是指全面地分析问题，从市场竞争状况、消费者需求变化、社会发展趋势等宏观角度来审视设计对象。

图2-12 款式面料搭配上的反向构思

以风衣为例，介绍如何使用联想构思进行男装设计。在进行风衣设计时，我们可以根据风衣设计的命题展开丰富的联想。例如，进行线条硬朗的风衣设计时，我们可以联想到军人的英姿，如图2-14所示。又如，设计时尚型风衣时，可以联想到电影《黑客帝国》中男主角的形象，帅气、神秘，如图2-15所示。

黏合的运动面料

透明的衬衫面料

图 2-13  面料在男装中的反向设计

图 2-14  风衣联想设计一

图 2-15　风衣联想设计二

通过大自然、艺术生活的联想设计。如图 2-16 所示，设计师在设计夹克时，联想到了欧美抽象的艺术油画，由此设计出的服装也会令着装者油然产生一种艺术的气质。

图 2-16　Dior Homme 2013 秋冬以欧美抽象艺术为灵感的联想设计

通过男性的生活方式进行的着装联想设计。如图 2-17 所示，设计师在设计服装时，已经将它情感化为懂生活、爱运动的男性。

通过运动为灵感进行的联想设计。2013 年秋冬 Louis Vuitton 一组以运动为元素的男装吸引了大家的视线，采用线条、撞色的设计形成优雅的男性形象，如图 2-18 所示。

通过某种词语的联想设计。2013 年雅戈尔推出了会呼吸的衬衫，将服装与环保、空气、绿色结合起来，成为设计中新的卖点，如图 2-19 所示。

### 四、发散构思

发散构思是指一种扩散的思维方式，它表现为思维的视野广阔，思维呈现出多维发散状。

图 2-17　Loio Qiana 2013 秋冬以旅游生活方式为灵感的联想设计

图 2-18　Louis Vuitton 2013 以运动为元素联想设计

图 2-19　雅戈尔推出的"会呼吸的衬衫"联想设计

在设计中，发散构思是创造性思维最主要的特点。大家知道，在设计中，会有不同的思维在头脑中出现，有时我们所捕捉到的瞬间思维就成了灵感来源。旅行是现代人的一种生活方式，一只旅行箱可以引起众多的发散构思，如商务旅行、娱乐旅行、休闲旅行等，如图 2-20 所示。例如，当下流行的以航海为题材的服装设计，有些联想到了大海的各种生物，有些联想到了大海航行的船只以及它的装备，如锚、绳等，有些则联想到了与大海有关的童话故事等，图 2-21 是以航海为灵感的发散构思。

图 2-20　旅行箱的发散思维设计

图 2-21 以航海为灵感的发散构思设计

# 第二节 男装设计方法

面对设计，我们要了解如何着手设计，懂得设计的方法和程序，用专业的知识去解决设计中出现的问题。在制订大的设计企划时，必须由许多专家共同商讨。例如，设计一个品牌的风格定位时，需要销售专家、企划专家、设计专家等多位专业人士共同商讨来制订方案，但是就产品的设计方法而言，并无本质上的变化，只是设计方法所涉及的考虑因素会更加复杂些。

方法是达到设计目的的手段，采用科学的设计方法，将会使设计得到事半功倍的效果。设计的方法很多，下面就男装产品设计中使用较多的模仿、情感、市场、问题、借鉴、反对、工艺以及集思广益等方法展开讨论。

## 一、从模仿入手

服装设计师在进入产品设计阶段，已经具备一定的专业知识，但是要针对某一个品牌或者某一个对象进行设计，还是有一定的难度。对消费者需求把握不准和对风格化的产品组货能力有限，大多是由于经验不足而引起的。即使是一个非常有经验的设计师，去重新开发一个新品牌或者为另一个品牌服务，也需要几个月的适应时间。

如何快速地适应产品设计，可以通过反复临摹和模仿某一个品牌的设计风格来训练，这是养成良好的设计风格、提高审美修养的捷径。如果想设计性感、夸张一点的男装，可模仿范思哲（Versace）、华伦天奴（Valentino）的品牌风格；如果想设计大气一点的商务男装，则可模仿 Zegna、Hugo Boss 的品牌风格。品牌模仿得越像，对品牌的理解也越深刻，品牌化的概念也越强。如图 2-22 所示是模仿 Jack Jones 品牌风格的 T 恤设计，很好地表现了 Jack

Jones 品牌年轻、时尚、休闲的产品风格。如图2-23所示是模仿高田贤三（Kenzo）品牌风格进行的男装衬衫设计。

图 2-22 模仿 Jack Jones 品牌的男装设计（设计者：柳维）

图 2-23 模仿 Kenzo 品牌风格的衬衫设计（设计者：陈飞舟）

模仿训练对形成品牌化的产品设计风格非常有效。但要注意的是，在模仿中要学会发现设计中的亮点，然后形成自己独特的创造性思维，不然就会缺乏创造力的培养。如图2-24、图 2-25 所示是模仿 Jack Jones 品牌的创新设计，设计的产品更加时尚和年轻化，针对的目标消费群体相对会偏窄些。

**二、从情感入手**

设计是一项创造性的工作，需要设计师从日常生活、大自然中去捕捉灵感，在进行产品设计时不是仅就款式而设计，而是将对款式与着装的形态、款式背后所联想到的生活情景的

图 2-24　模仿 Jack Jones 品牌的创新设计一（设计者：程卓之）

图 2-25　模仿 Jack Jones 品牌的创新设计二（设计者：程卓之）

一种情感触动融入设计中。这对提高设计师的审美修养很有益处。如图 2-26 所示是一组奢侈、正式的产品设计，Versce 将男装的性感、奢华的生活方式融入设计之中。图 2-27 是通过注入男性对户外运动、冒险、探索的情感进行的设计。图 2-28 是唐狮在 2014 年春夏推出的阳光、年轻、充满活力的年轻一族的服装。

图 2-26　Versce 2013 秋冬男装设计

图 2-27　冒险、户外、探索的男装设计

　　顶级设计大师乔治·阿玛尼在谈到他对设计的感受时提到，设计是发自内心的感受。他将与别人交谈和自己观察中看到的一点一滴都细心记录，并将自己对这些事物的感受融入热爱的设计中。

### 三、从问题入手

　　意大利设计师布鲁诺（Bruno）在他的《物生物——现代设计理念》一书中提到，雷布里尼曾说过"当一个问题不能解决时，不再是一个问题；当一个问题能解决时，也不算是一个问题"。产品设计的过程是从问题的提出到问题的解决，也就是一季又一季、一款又一款地提出问题、解决问题。设计就是对问题的提出到最后问题的解决，而之中的过程就是设计方法。

图 2-28　唐狮 2014 春夏年轻、活力的男装设计

对于服装设计，大家也知道——"Who？What？Where？When？Why？"五个问题式的设计原则，围绕这五个原则，要求设计师要因人、因时、因地设计服装，解决男性的着装问题。

从问题入手，如命题设计一样，需要根据品牌风格和目标消费群体的需求进行设计。设计首先从市场调研开始，然后根据市场调研的结果进行分析，再结合当前流行趋势确定设计的大方向，最后根据大方向（或者景况是设计主题）展开设计。

下面以男装项目课中学生做的一个项目设计为例来说明。

从问题入手的案例分析：

提出问题：为年轻白领男性设计服装。

拿到这个设计项目时，不能马上着手设计，首先要对设计的品类进行确定，如设计休闲西服系列（休闲西服、休闲裤子、休闲衬衫或T恤）、夹克系列（夹克、外套、休闲裤子、T恤或毛衣），然后再针对自己所确定的设计项目进行有针对性的市场调研。

将从市场调研中所获得的信息进行分析。图2-29、图2-30是对休闲服装进行市场调研后的分析结果，以图的形式进行归类分析，清晰明了。

图2-29　休闲西服市场（设计者：单佳云）

图2-30　休闲裤市场调研结果分析（设计者：单佳云）

　　然后确定设计主题，明确大的设计方向和设计灵感来源，如图 2-31 所示。设计主题为感官触碰，天与地之间的呼吸加上大地的色彩，谱写着一篇轻柔、自然又略带刚性的乐章。在正式设计之前，可以收集相关的图片寻找设计点，如图 2-32 所示。

图 2-31　设计主题（设计者：单佳云）

图 2-32　灵感来源（设计者：单佳云）

　　接着就进行设计的展开，首先是画草图，草图的表现只要自己能看清楚即可。然后在草图的基础上再画正式平面图稿，此时的平面图稿要求结构清晰，让人一目了然，如图2-33~图2-35所示。

图 2-33　设计草图（设计者：章晶）

图 2-34　平面款式图（设计者：单佳云）

图 2-35　选定款式（设计者：单佳云）

　　最后是工艺打板和制作。工艺打板时，设计师首先要确定造型，对造型的基本尺寸提出自己的设计意见。在工艺制作完成后，需要进一步的搭配设计，如图2-36、图2-37 所示。

| 部位 | 衣长 | 胸围 | 肩宽 | 袖口围 | 领围 | 袖长 | 领宽 |
|------|------|------|------|--------|------|------|------|
| 尺寸 | 72 | 102 | 47 | 30 | 46.8 | 61 | 4.5 |

单位：cm

图 2-36　款式结构造型（设计者：单佳云）

图 2-37  成衣搭配设计（设计者：单佳云）

#### 四、从借鉴入手

在产品设计中，借鉴款式似乎是一件很正常的事情，即使是高级成衣的品牌也不例外。例如，在市场调研中可能会发现，上一年某个品牌的款式在后一年另一个品牌款式中有所体现；同样，某个品牌的西服设计会发现有可能借鉴了另一个品牌男装中性化、修身的特点。Armani 前几年的西服率先采用了平绒面料制作，之后的男装市场里，用平绒面料做成的男装款式到处可见。

借鉴法是对从历史、文化、民族精神中所感受到的以及视觉上所看到的形式进行借鉴，或对已有的款式造型、色彩、设计细节、面料、图案等方面进行借鉴。图 2-38 是借鉴某一品牌的设计点和样式展开的系列设计，图 2-39 是 2014 男装借鉴复古的抽象图案进行的系列设计，图 2-40 是罗蒙男装借鉴复古的造型、面料、色彩进行的系列设计，图 2-41 是改变门襟的借鉴设计。

图 2-38 领子的借鉴设计

图 2-39 借鉴复古抽象图案的男装设计

图 2-40 借鉴复古元素的设计

图 2-41 改变门襟的借鉴设计

### 五、从反对入手

设计不是以一成不变的形象去应对消费者，而是需要不断创新，挖掘新的设计元素来吸引消费者。从反对入手，是将原有事物放在相反或相对位置上进行思考的方法，也是一种能够带来突破性思考结果的方法。由于从反对入手，思考的角度出现了180°方向的大转变，从根本上改变了设计者的常规思考角度和由此得到的常规思考结果。因此，从反对入手成了追寻意想不到的思考结果的设计方法之一。它既可以是对题材、环境的反对，也可以是对思维、形态的反对。

在服装设计中，反对法的反对内容比较具体，如上装与下装的反对、内衣与外衣的反对、里料与面料的反对、男式与女式的反对、左边与右边的反对、高档与低档的反对、前面与后面的反对、宽松与紧身的反对等。使用反对法不能机械照搬，要灵活机动，对被反对后的造型进行适当的修正，令其符合反对的本来意图，如图2-42~图2-44所示。

图2-42　反对设计一

图2-43　反对设计二

图 2-44 反对设计三

## 六、从工艺入手

众所周知，男装的品质感是增加男性自信非常重要的因素，因而在男装设计中，工艺、板型与设计是相辅相成的，尤其对于正装、西服、西裤而言，设计更大程度上来说是工艺和板型上的改变。

归拔是男装西服制作中非常重要的工艺，归是归拢，拔是拔开，这种方法只能用在有弹性的毛料上，如图 2-45 所示。拼接、拉破、订珠、印染是当下流行的元素，这些工艺手法的增加，形成了新的设计点，如图 2-46 所示。

大袖片拔

后片袖窿归

前胸推

图 2-45 归拔法

图 2-46　工艺创新设计

## 七、集思广益

集思广益顾名思义就是大家集中讨论，拿出各自的设计想法，最后集各家所长，综合考虑，完成设计。这个方法在服装产品设计中成效较为显著，如图 2-47 所示。

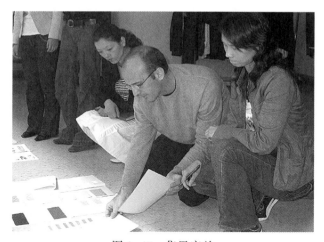

图 2-47　集思广益

## ☞ 思考题

1. 请你谈谈对定位构思与产品设计的看法。

2. 日常设计中你采用最多的男装设计方法有哪几种？

## ☞ 课后作业

针对某一对象，设计两套男装。表达形式不限，需要将正背面都表达出来。

## 男装产品设计要素

**课程名称：**男装产品设计要素

**课程内容：**流行与设计、款式与设计、面料与设计、色彩与设计、图案与设计

**课程时间：**6课时

**教学目的：**让学生掌握各种设计要素在男装设计中的应用。

**教学方式：**多媒体、实物相结合进行教学，并增加市场调研的环节，让学生了解男装市场的设计动态。

**教学要求：** 1. 让学生了解流行及影响流行的因素，并掌握流行与设计应用的关系。

2. 让学生掌握男装款式设计的理念和要素，了解设计与男性体型特点的关系，以及辅料设计的重要性。

3. 让学生掌握面料的设计语言和如何选择面料，这是男装设计的关键。

4. 让学生掌握如何将流行色彩应用在设计之中，如何在设计中管理色彩，以及了解男装设计中使用的主流色彩。

5. 让学生了解图案的分类及特点、图案选择的要素、图案的工艺特点以及图案与款式造型的关系。

**课前准备：** 1. 找一些典型的男装设计款式。

2. 准备一些面料和图案实样让学生了解。

# 第三章　男装产品设计要素

　　男性通过服饰来彰显自己的身份、地位和气质。他们注重整体的包装和细节的设计，注重服装所蕴含的理念和文化。就男装产品设计而言，包含了流行、款式、色彩、面料和图案五个设计要素：流行是动态的，设计师要不断地跟随流行、引导流行，这样才能引起消费者的关注；款式是服装造型的基础；面料是体现款式结构的物质保障；色彩既是品牌个性的体现，又是创造人们心理活动和审美感受的重要因素；工艺则是产品设计中品质的保证；独特的图案可以让设计与众不同，增强服装的个性和文化性。款式、色彩、面料之间存在着相互制约、互为整体的关系。

## 第一节　流行与设计

### 一、关于流行

#### （一）流行的概念

　　流行是一个多元化的概念，它不仅指服装，还涉及文化、建筑、生活方式、艺术思潮、宗教等的影响，是一个时代的印迹。服装流行与否取决于它在不同程度上所具备的艺术性、功能性、科学性以及市场性等众多因素。

#### （二）流行循环的过程

　　流行是反复循环的过程，如某年的服装是对 20 世纪 70 年代服装的重新演绎，而上一年则可能是 20 世纪 60 年代服装风潮的再流行。又如色彩从 21 世纪开始流行红色系、橙色系，几年之后红色系、橙色系不再流行，消失几年之后这两种色系又开始再次流行。

#### （三）流行周期

　　根据流行趋势在市场中的运动轨迹，可分为介入期、成长期、饱和期、衰退期和淘汰期，如图 3-1 所示。

### 二、影响流行的因素

　　流行趋势的预测是针对当前经济、政治、社会、技术、文化状况等各种各样的资源进行调查的过程，依赖于对各种信息的分析，分析的结果会对每一季

图 3-1　服装的流行周期

的色彩、面料、廓型、细节、图案等流行趋势产生影响。

（一）社会与经济

社会重要的事件，消费者的兴趣、价值观以及内在需求的变化，人口与体型变化，政治、经济以及社会的安定因素都会影响流行的预测。当下全球化的市场经济下，民族情感的碰撞成为新的话题，并成为不可避免的设计元素。活跃的色彩成为人们应对全球金融危机的积极情感。千禧代的成长，他们对未来的探索，对环保、创意的关注，联名合作、适应未来、数字化、手工 DIY 等成为时尚流行的发展趋势，如图 3-2 所示。

图 3-2　2020 流行趋势"科技·未来"

（二）科学与技术

科技影响服装的发展，不仅影响面料的后整理处理、外观，还包括不断推出新颖纤维、改良纤维，不断创新印花图案的制作方法等，如 3D 印刷、激光数码印花、活性染料，可以让消费者选择他们想要的印花图案，并且能立体、高清、逼真地体现原来的景物和细微之处。同时，在环境保护、传统手工艺再造方面，绿色环保迎合现代社会的发展需求。其次，科技也推动了网上购物的发展，互联网、物联网等大数据信息化手段，已经改变了人们的购物体验和生活方式。

（三）文化与艺术

一部新的电影、一种新的艺术流派、一个新的音乐团体或是热播电视剧都会引发新的时尚流行趋势。2012 年《了不起的盖茨比》电影放映之后，对设计界产生了很大的影响，复古西服再次成为男士服装的主流。Hip-Hop、音乐、说唱、RAP、当代艺术，已经影响着人们的审美方式，休闲、前卫、时髦、混搭、街头等已经影响着人们的着装形态和审美趋向，如图 3-3 所示。

图 3-3　街头文化对服装的影响

### 三、流行与设计应用

　　设计师在关注流行趋势时，要进行理性、综合的分析，不能盲目追随流行。虽然国际流行色协会发布的"流行色预测"是经过仔细地市场调研和综合分析得到的结果，但也不可避免地存在人为因素，有时也会出现流行预测不准确的现象。例如，2003 年预测的希腊色彩的流行，基于 2004 年奥运会在希腊的召开，会在世界上掀起一股希腊风，但结果却没有流行。

　　追随流行趋势时，要与自身品牌的设计风格和设计特点结合运用。如 2011 年市场上流行航海系列的流行趋势，很多男装品牌在产品设计中都采用了这个流行元素，只是运用到各自品牌的产品系列和风格会有所不同，如图 3-4 所示。

图 3-4　两个不同品牌在设计应用上的不同

# 第二节　款式与设计

## 一、款式设计理念

### （一）设计对象研究

设计最终的目的是希望服装被消费者接受，因而，了解设计对象是最为重要的一项工作。需要了解设计对象的生活方式、体型特点、兴趣爱好、消费水平、心理年龄、性格等，了解得越丰富，设计的针对性就越强，如图3-5所示。

图 3-5　某一群体的大学生生活方式

### （二）素材收集

进行款式设计之前，需要收集大量的信息，这些信息来自设计师服装发布会、流行咨询网站及书籍，还包括面辅料市场开发信息、消费市场信息、社会动态等。对收集来的信息要进行分析，同时记录一些款式及细节，为产品设计的展开打下基础，如图3-6所示。

### （三）主题设计

主题设计是产品开发的设计理念体现，从设计对象的生活方式、爱好、当前流行的艺术潮流以及概念款式的特点等方面去选择灵感图片。如图3-7所示，从面料、肌理、色彩、造型、图案等方面进行整体趋势的预测，本主题的概念是对历史、文化、艺术以及与人的情感方面交融考虑，从天然染料中吸取灵感，淡雅、素静、安逸的时尚感，与宽松或紧身相结合，体现了现代人的着装休闲化、前卫化、中性化的需求，在主题设计里需要展现设计主题的名称、关键词色块以及设计说明。

在进行主题设计的时候，要做到三点：一是选择的灵感图片越多越好，然后再逐张分析与主题紧密相关的图片，这样主题会越来越明确，灵感越来越清晰；二是要对收集到的图片进行处理，重新整合成设计，形成新的形象主题概念；三是图片要清晰，分辨率高。

超大立体口袋呈现前卫风格

图 3-6　素材收集

图 3-7　"静·持"主题设计概念板

## 二、款式设计要素

款式设计要素包含廓型、细节、质地及色彩四个方面。

### （一）廓型

男装的廓型变化相对比较固定，大多以 H 型、T 型为主，这是由于男性的体型特点以及男性的社会形象期待所造成的，如图 3-8 所示。除此之外，斗篷式的 A 型以及 O 型等其他外轮廓造型在男装设计中则比较少见。虽然现代男性着装受中性风的影响，如吸收女性化收腰、紧身的设计特点，但受男性身材特征的影响，总体给人的感觉还是 H 廓型和 T 廓型。

（a）T廓型　　　　　　　　　　　　　（b）H廓型

图 3-8　男装的主要廓型

廓型设计与男性的体型特点密切相关，影响廓型的主要因素是肩宽、胸围、腰围、下摆之间的比例以及衣身的长短，如图 3-9、图 3-10 所示。细节的变化也会影响廓型，如领口的高低、领面的宽窄、衣身的长短、胸围与腰围的比例。如图3-11所示，两者胸围、肩宽一致，

图 3-9　影响男装廓型的关键部位

（a）肩、胸、臀的尺寸不变，衣长变化

（b）肩、胸、臀及衣长的尺寸都变化

图 3-10　男装廓型变化一

前者不收腰，收下摆，呈明显的 T 廓型；后者收腰，下摆略宽松，呈 H 廓型。如图 3-12 所示，两者都有腰省、侧缝省、手巾袋、口袋以及平驳领；前者手巾袋和领面细窄、精致，袖长加长，后者手巾袋略大，袖长为正常袖长的长度；前者的设计比较有个性，后者的设计较为常规、大众。

　　裤子的廓型变化与臀围、腰围、横裆、上裆相互之间的比例关系以及裤子的长短有关（图 3-13、图 3-14）。上裆的高低不同会出现高腰、中腰、

（a）T廓型　　　　　　　（b）H廓型

图 3-11　男装廓型变化二

（a）个性设计　　　　（b）大众设计

图 3-12　结构细节的变化

低腰的不同设计，近几年流行的哈伦裤，它的上裆特别长。横裆的宽窄则影响穿着的舒适性，横裆宽则比较舒适，有宽腿直筒裤、哈伦裤、萝卜裤等，横裆窄则有铅笔裤等设计，如果脚口变大，就是喇叭裤。

**（二）细节**

男装的廓型设计一直以来变化不是很大，细节是男装的设计重点。细节设计包含款式结构、装饰、零部件、内部工艺结构、辅料的细部设计以及图案设计（图案设计在本章第三节中单独来讲）。

款式结构是指通过分割变化、省道转移等设计手法进行的细节设计，如图 3-15 所示。

图 3-13　裤子廓型的变化一

图 3-14　裤子廓型的变化二

图 3-15　休闲西服的细节设计

装饰包括面料的拼接、辅料的装饰（包括拉链及拉链头、商标、里料、垫肩等的应用）、工艺的装饰（拱针、缉明线、包边、毛边、嵌条等的应用）以及不同图案的装饰运用等，如图 3-16~图 3-18 所示。

图 3-16　装饰设计一

图 3-17　装饰设计二

图 3-18　装饰设计三

零部件的设计是针对不同的服装部位，如领子、肩部、胸部、帽子、腰部、口袋、门襟、袖子、袖口、裤脚口等进行的设计，如图 3-19、图 3-20 所示。

图 3-19　帽子的细节设计

图 3-20　领子的细节设计

男装除了服装款式设计之外，配饰的设计也很重要，不同的配饰给予着装不同的视觉效果，如图 3-21~图 3-23 所示。

图 3-21　配饰设计一

图 3-22　配饰设计二

图 3-23　配饰设计三

　　内部结构分为全里衬、半里衬、无里衬的工艺设计。在男装的细节设计中，内部设计也是关键，经常会在内部设计中采用不同面、里料的拼接，或采用撞色里料、撞色线条、装饰性口袋等多样的设计手法，以此体现男装含蓄而细腻的设计风格，如图3-24所示。

图 3-24　夹克内部工艺结构的设计（左图设计者：傅莉亚；右图设计者：张剑峰）

### （三）质地

质地是外观、手感以及纱线组织结构的综合体现，是影响款式型感设计的重要元素。同一种纤维可以通过多样的织法得到不同的质地，如同是一种棉的纤维面料，可以是硬挺厚重的质地，也可以是柔软舒适甚至是宣纸般的质地，如图3-25所示。

柔软无骨架　　　　　　　轻柔略有骨架　　　　　　　舒适略有骨架

滑爽有型　　　　　　　舒适有型　　　　　　　舒适有骨架

图3-25　棉的不同质地

同一种服装款型采用不同质地的面料会形成完全不同的着装感觉。皮质的面料骨架感较好，有较好的塑形性；丝绒的面料柔软、没有骨架，因而服装塑形性相对差些；毛料挺括、舒适，有较强的塑形性，并且由于毛料是弹性纤维，还可以通过工艺手段加强造型感。近几年，PVC等光泽面料体现科技未来质地面料应用越来越多，如图3-26所示。

图3-26　光泽感、科技感面料质地的服装

### （四）色彩

#### 1. 色彩感情

色彩是情绪的表达，每个色相都有不同的情感。例如，红色热情、活跃；橙色充满了活力、轻松、愉悦；黄色如太阳一样，给人阳光、智慧、能量；绿色让人联想到树木，和平、有精神；蓝色让人想到宽阔的天空和无垠的大海，宽阔、深邃、深沉、理性；紫色则充满了智慧和神秘；粉色则时尚、女孩、清新、浪漫。在色相环中，越接近色相色的色彩，其表现的感情越为强烈。一旦某一色彩被加入白色之后，就会被提高明度、降低纯度，那么它的色彩显得安静，感情就会显得内敛、浪漫；反之，越接近黑色的色彩感情越凝重、沉稳；而中间的色彩则带灰质，显得质朴、典雅。例如，棕色是黄色加黑，显得复古、有力量感；咖啡色是橙色加黑，显得健康、有力量感；米色是橙色加白，显得轻松、舒适、温馨；黑色是色料色所有色的综合显得理性、神秘；灰色有都市感、科技感，同时也会觉得无力；白色则显得纯洁、光芒四射、空旷，如图3-27所示。

图 3-27　色彩感情

#### 2. 色彩故事

色彩的故事性是要挖掘色彩背后的文化性、故事性，使一个色彩或一组色彩联想到某一事件或某一故事。如作者2020年把做的植物深靛蓝染出来的蓝色称为炫色蓝、让蓝色与天空的蓝、大海的蓝自然生成制成靛蓝的蓼蓝联想起来，炫色蓝充满了生命与情感。独特的故事情趣成为亮点，也是色彩营销的一种策划方式，如图3-28所示。

#### 3. 色彩体系

国际上主要应用的色彩体系有蒙赛尔体系、瑞典的 NCS 体系、日本的 PCCS 体系、中国的 CCS 体系。根据日本色彩研究机构的研究，他们将色彩分成五个等级，分别是亲近、洗练、力动、信赖、自然，每个区域都有不同的感觉。亲近感区域的色彩表现出快乐、生机勃勃、活泼；洗练感区域的色彩表现出优雅、有品质和

图 3-28　色彩背后的故事与文化

品位；力动感区域的色彩表现出力量、运动；信赖感区域的色彩表现出认真、严谨；自然感区域的色彩带灰调，体现大地、大自然的朴素感。男性喜欢锐利、冷静、饱含力量的色彩，最能体现男性的色彩是有力量和信赖感的暗色调，因此信赖感和力动感区域的色彩是男装设计中使用最多的色彩，其次是自然感区域的色彩，富有都市气息的灰色调以及泛含灰色的冷色系也是男性较为喜欢的色彩，如图 3-29 所示。

图 3-29　PCCS 色彩体系图

　　本书中，我们采用的是日本的 PCCS 体系。PCCS 体系通过色彩的明度、色相、纯度，将色彩分为 12 个色调。VV 调是色相环中的色调，也是鲜艳度最高的色调。这个色调逐渐加白为明清色，逐渐加黑为暗清色，加不同程度的灰则是浊色。这样可以清楚地了解到，靠近 VV 调的色彩色相纯度高，视觉冲击力强，远离 VV 调的色彩色相纯度低，视觉冲击力弱。

**4. 款式与色彩**

　　男装设计在定好款式和面料的质地之后，选择什么样的色彩很关键。有些款式适合用单色，而有些款式适合用撞色。一般情况下，男装的配色会比较含蓄，采用单色、同一色系的设计比较多，或者在局部的细节如内领、裤里布、内门襟等局部采用撞色（图 3-30）。

　　男装的款式尤其，在 T 恤、毛衣类、衬衫这些轻薄或内搭的设计中，色彩选择较为丰富、亮丽，应对不同消费者的情感需求，满足消费者的喜好，如图 3-31 所示。

图 3-30　款式与色彩一

图 3-31　款式与色彩二

### 5. 不同配色中的情感表述

色彩通过组合在一起才能体现出色彩的魅力，没有不好的色彩，只有不好的搭配。男性色彩搭配要从色相、色调综合起来考虑，如图 3-32 所示，同一色系的配色含蓄，色彩的情感特征比较明显；邻近色彩的配色是一组自然色系的配色，较为生活化，色感丰富；对比色彩的配色中，两个色彩感情都非常丰富，互相影响，是一组活跃、对比很强的搭配；无彩色和有彩色的搭配中，有彩色往往会影响整体情感的表现，而无彩色起到协调的作用。配色非常复杂，需考虑当季的流行色、品牌用色以及消费者的肤色等。

### 6. 季节用色

随着人们审美眼光的不断提高，季节性色彩逐渐被采用，如男性在春夏季会选择明快、轻便的色彩，让自己的心情更加愉悦；秋季时选择有一定厚实度、稳定的色彩；冬季则选择厚重的色彩或白色。纯色的色彩点缀，有一定的惊艳、愉悦感。当然，随着混搭、街头风格

| | |
| :--: | :--: |
| 理性、沉着 | 同色素与白色配合，理性、清爽 |
| 与黑灰配合，加强了理性、沉着之感 | 与红色配合，活跃、对撞 |
| 与补色黄色配合，显得丰富和沉着 | 与褪色黄色配合，加之暗色调，理性且有力量感 |

图 3-32　以蓝色为例的配色分析

的流行，季节用色也逐渐被打破，如图 3-33 所示。

图 3-33　季节用色

### 三、体型与款式设计

　　本书第一章已经探讨过不同男性的体型特点，然而在实际人群中，除了年龄造成的不同体型特点外，男性个体之间的体型差异也非常大。有些经常运动的男性，胸部较为发达，腰细，呈完全的倒梯形；有些男性较瘦弱，腰细、胸窄；有些男性较肥胖，胸宽、腰粗、大腿根厚实；有些男性肩比较斜，有些男性肩比较平，还有些男性肩比较窄等。

**（一）体型与款式造型**

作为设计师，对款式造型的理解要全面，除设计新颖、时尚的款式，还需要从男性体型角度去设计款式造型，也就是对款式造型尺寸的把握。如图3-34所示，前者是H型，H型身材的人群，由于是大H型，因此也适合其他不同的身材的人群；后者是T型，适合倒三角形体型的人群。

图3-34　体型与款式造型

**（二）体型与号型设计**

由于地域差异造成的饮食习惯等不同，南北方的体型差异很大。相对来说，北方男性要比南方男性高大、壮实。同样，西方男性和东方男性相比，西方男性比东方男性高大。

我国号型分为Y、A、B、C四类。Y为偏瘦的体型，A为标准的体型，C为超大的特殊体型，B则是介于A、C二者之间的体型。欧洲号型分为S、M、L、XL、XXL等。

**四、辅料设计**

男装款式变化不大，然而细节设计却较为丰富，尤其是辅料的设计，已成为男装之中必不可少的细节设计。辅料设计既包含辅料质地、花型的设计，也包含里布、纽扣、织带、四合扣、撞钉、装饰线、商标、拉链头等的设计。

**（一）辅料的形状设计**

辅料的形状设计可以借用品牌的LOGO进行设计，也可以根据当年流行的某一图像进行设计，使之具有一定的象征意义。如图3-35、图3-36所示，是一组为某公司设计的辅料，包括拉链头、绳条、织带、皮带襻等，以LOGO为元素进行系列的方案设计，可供备选。

**（二）辅料的材质选择**

辅料中纽扣的材质主要有金属、树脂、尼龙、皮、棉、牛角等。里料的材质用得最多的是涤纶、黏胶、棉等。

图 3-35 辅料设计一（设计者：陈飞舟）

夹标

拉牌

裤襻皮标

腰牌

徽章

大领标

洗涤标

裤袋牌

图3-36 辅料设计二（设计者：陈飞舟）

# 第三节　面料与设计

面料是男装设计的物质条件。对于男装设计师而言，了解面料的类型、特性、品质以及流行性是十分重要的。

### 一、面料感官语言

作为男装设计师，要了解面料感官语言，通过面料的纤维含量、重量、外观（织物的质地、光泽、图案以及后整理）、悬垂性、手感、价格、品质等来感知这款面料是否适合设计的款式类型及对应的消费群体和季节。

#### （一）纤维

纤维的审美特征包括光泽、悬垂性、质地以及手感。面料是由不同的纤维所织造，同样是棉的纤维，既可以织成针织面料，也可以织成机织面料，不同的织法还可以形成不同的外观特征。

#### （二）重量

面料的重量通常是以盎司/平方码或盎司/码来计算的。对比不同面料的重量时，有必要确定是在同一计算单位上进行重量比较的。

选择面料时，要考虑面料的重量与成衣的销售季节、在所穿着环境中的功用以及成衣风格相吻合。例如，选择男装的精纺面料、衬衫面料时，要考虑面料重量是影响成衣的服用季节和风格的重要因素。

#### （三）外观

面料的外观指色彩、质地、光泽、图案和装饰等方法形成的面料或服装的外观印象。面料的外观不仅表现在纤维材料的混合运用上，还特别表现在纱线和面料的组织结构上，如粗纱与细纱的交织与合股、哑光与闪光纱线的交织与合股、毛绒纱与光滑纱线的交织与合股、密实结构与疏松结构的交错等，多种不同形式的组合创造出丰富多彩的表面效果。

**1. 色彩**

织物的色彩是通过纤维染色、纱线染色、布匹染色、成衣染色或者任何一种印花方法来获取，如图 3-37 所示。

**2. 质地**

织物的质地是通过对纤维或纱线选取特定的织造手法，通过添加不同的助剂、碱量进行面料手感、柔软度、光泽度的效果处理，或者应用毡化、压花、拉绒、涂层、镂空等后处理工序来获取，如图 3-38 所示。

例如，利用涂层这种后处理工序获取的织物质地，通过涂上橡胶涂层、聚氯乙烯（PVC）、聚氨基甲酸酯（PU）或者蜡，使面料具有防水性能。经过涂层处理的面料表面有光泽，手感富有韧性。

图 3-37　不同工艺的色彩设计

图 3-38　面料质地

### 3. 光泽

光泽指面料反射的光亮度。面料的光泽不仅取决于纤维内在的光泽，还取决于纤维的长短、纱线的结数、面料的织法以及打光或者上蜡等后处理工序，如图 3-39 所示。

### 4. 图案

面料的图案可以通过织物结构和后处理工序的改变来获得。可以使用条纹、提花、针织嵌花以及网眼等织物结构来获取图案。制作图案的后处理工序包括压花、植绒处理以及印花等。

不同的图案、色彩和纹理可以通过不同的方法印制在面料上，如丝网印花、手工模块印花、滚筒印花、单色印花、手绘印花或者数码印花等，如图 3-40 所示。

图 3-39　面料光泽

图 3-40　面料图案

**5. 面料再造**

面料再造是对现有的面料通过改造形成另外的面料外观形象，如拼接、拉破、嵌珠、刺绣、扎染、印染等，如图 3-41 所示。

**（四）悬垂性与手感**

面料的手感指面料触觉上的品质，它受纤维含量、纱线、面料结构和后整理因素的影响。与面料手感相关的是面料悬垂性。悬垂性指面料的悬垂（悬挂、紧贴、飘垂）和弯曲（褶裥或碎褶）。手感与面料后处理的助剂处理有关系，面料的手感和悬垂性决定了制成服装的款式和线条。

**（五）品质与价格**

品质对于面料的价格是一个很大的影响因素。同样是棉纤维面料，由于棉的产地、支数的不同，其价格差距也非常大。支数越高的棉面料，其工艺要求也越高，其他的羊毛、羊绒面料也如此。有些高科技、新开发的面料在市场上找不到，这种类型的面料的价格非常高，但是由于其面料外观的特殊美感和服用的舒适性，受到消费者的喜爱。

## 二、面料选择

面料是影响服装外观审美、功能性、服用性能以及产品利润的关键因素，选料过程是产品开发最关键的步骤之一，选择正确的面料会给服装添加时尚感，使产品与众不同。面料是影响顾客购买服装的重要因素。

设计师在选择面料时要考虑三方面的因素：面料与流行、面料与品牌、面料与款式。

### （一）面料与流行

面料的研发一般会比服装的开发提前半年以上，以保证服装研发。每年 3 月和 9 月在法国巴黎举办的 PV 展是世界上最大的面料展会，全世界的

图 3-41　面料装饰

服装设计师、面料设计师、纱线研发者以及流行趋势研究者都会聚在那里。除此之外，全球各地还有其他形形色色的小型面料展、纱线展览会和面料推介会。在中国，每年会有两次大型的面料展览会。一次是 4 月，一次是 10 月都在上海举办。面料展一般都会提供下一季面料流行的趋势和色彩流行的趋势。4 月的面料展提供的是下一季秋冬的面料流行趋势，10 月的面料展提供的是下一季春夏的面料流行趋势。

流行趋势杂志也会对下一季或者再下一季面料的趋势、色彩、纤维、手感、后整理、结构以及图案提出指导性的意见，如图 3-42 所示。

### （二）面料与品牌

面料与品牌设计的关系，主要从材料的性能、风格和成本上进行考虑。

不同的面料性能会产生不同的设计感觉。例如，羊毛手感柔软、色泽温和、容易起皱，大多被用作高档正规男装的设计。涤纶洗涤方便，不易起皱，容易保养，可用作男装的职业服设计。

不同的面料风格也会产生不同的设计感觉。同一种面料，由于织造风格的不同，会产生不同的设计感觉。例如，泡泡纱肌理的棉布，适合休闲风格的男装夹克、休闲裤、休闲衬衫等设计。

顶级的服装品牌和一些著名的服装品牌，它们的面料是面料开发商为它们的品牌量身定做的，也就是所谓的定织定染，同季市场上不会出现相同的面料，使其设计的服装样式独一无二。

面料成本是品牌设计中需要重视的问题。因为服装打折、积压、加工以及各种管理、营销费用等各种因素的影响，制作服装的面料价格与实际销售之间会有几倍以上的价格差。也

图 3-42　面料流行趋势指导

就是说服装的利润比面料的利润要高得多。

### (三) 面料与款式

男装设计中，款式变化不是很大，然而随着人们生活方式的改变，在同一款式设计中，越来越多地采用不同的面料去形成不同的视觉效果和风格特征。例如，西服的面料开始只采用精纺和粗纺的羊毛面料，后来棉、麻等天然面料也被应用到男装西服设计中。近几年，轻薄的化纤面料、针织面料也开始被运用在休闲西服的设计中。

# 第四节　色彩与设计

## 一、流行色彩应用

每季的流行色并不只是一个色彩的流行，而是几个主题色系的流行，由不同机构发布的流行色，每一季至少有上百种，如图 3-43～图 3-47 所示。作为服装设计师，如何选择流行色对服装设计十分重要。对每一个主题的色彩背后故事性和文化性的挖掘，将对设计款式、图案、面料有非常重要的指导作用。

图 3-43　2020 春夏流行色彩参考

（图片来源：WGSN）

图 3-44　2021 男装流行核心色彩

（图片来源：WGSN）

图 3-45　流行色背后的故事性和文化性

（图片来源：Stylesight）

图 3-46　流行趋势与款式、面料、图案指导

（图片来源：Stylesight）

图 3-47　流行趋势款式指导

（图片来源：Stylesight）

**（一）流行色与季节**

每年的流行色都是几组色系的流行，在接下来的几季流行色在色相、明度、纯度上有略微的区别，如图3-48所示。

图3-48　流行色的季节循环

（图片来源：Stylesight）

在产品设计中，每一季的色彩不要太多，分成基本色和点缀色。一般情况下，基本色为男装常用色彩，点缀色为流行色、亮色、鲜艳色。也就是说，点缀色是上一季产品设计中没有出现过的色彩，使整组产品形成新的视觉印象，如图3-49所示。

**（二）流行色与品牌应用**

**1. 品牌个性用色**

流行色在品牌中的应用要符合品牌的个性。有些品牌在进行产品开发时，不追随流行色，而是一直坚持使用属于自己品牌的个性色彩，如 Dior Homme 品牌，一直采用黑、白以及少量的灰色为主色，近几年在消费者新的需求下也拓展了一些彩色，如图3-50所示。奢侈品牌Kenzo 是以擅长使用色彩而出名的品牌，在选择品牌流行色的时候，会选择跳跃、清新的色彩，彰显其鲜明的色彩情感，如图3-51所示。大多数品牌会根据自己品牌的定位选择流行色，体现时尚性。

**2. 流行色与风格用色**

不同风格的服装采用的流行色也各不相同。

商务品牌用色干净、利落，没有太多的装饰感，即使选用花色面料，也以块面为主，如图3-52所示。

运动品牌使用明快、饱满的色彩，彰显运动的活跃感。休闲品牌用色比较丰富，通过色彩的装饰性加强服装的休闲感，如图 3-53 所示。

**3. 流行色与设计应用**

在产品设计中，要从整体的角度和品牌个性考虑产品的用色。男装用色比较含蓄，尤其到冬季色彩更是偏灰暗，为了在产品中营造时尚、鲜活的视觉效果，需要运用流行色在产品中适当点缀，目的是在与鲜艳色的对比中突出其他色彩，并且使产品在店里鲜活起来。

 同一个品牌中色彩的梯度设计　　　 同一个品牌中色彩的梯度设计

图 3-49　季节色彩的开发

图 3-50　Dior Homme 品牌色系

图 3-51　Kenzo 2020 春夏流行色系

图 3-52　Hermès 2020 春夏用色组合

根据不同品牌的个性和形象特点，同一流行色会采用不同的色度。图 3-54 所示的就是不同品牌男装采用了同一绿色，但是由于所采用的面料和款式不同，所表现出来的服装效果也不一样，共同点是都有时尚的元素在品牌中体现。

图3-53 Lanvin 2020春夏流行色应用

图3-54 流行的绿色在不同品牌中的运用

　　流行色既可以作为品牌的主要色彩来使用，也可以作为点缀色来使用，如图 3-55 ~ 图 3-57所示。

流行色在同一品牌不同款式中的应用

图 3-55　流行色与设计应用一

流行色与设计应用

图 3-56　流行色与设计应用二

流行色与设计应用

图 3-57　同一个橙色在 2006 秋冬 Hugo Boss 服装中的不同应用

## 二、色彩规范管理

在产品设计中，通过色彩管理进行色彩规划、色彩规范和色彩确认，以确保色彩的标准应用。

### （一）色彩规划

国外于 20 世纪 70 年代首先推出了色彩营销战略，通过研究和了解消费者的色彩心理，恰当地定位商品，然后给产品、包装、人员服饰、环境装饰等配以合适的色彩，使商品成为"人、心、色彩、物质"的统一体，将商品的思想传达给消费者。

在每一季的产品开发前进行色彩规划是色彩营销的重要环节，通过主题板的形式确认几组色彩作为下一季的产品用色。色彩规划时既要考虑流行色、目标顾客群的主观色和喜好色，还要考虑色彩与性格、色彩与性别、色彩与心理、色彩与材质等之间的关系。

### （二）色彩规范

色彩规范是运用色彩科学原理进行数据化的色彩、色度测量，使每一种色彩都可以进行复制，方便网上进行确认和交易以及色彩质量的认定。在产品设计中，会涉及不同的供应商来制作服装，这时采用数据化色彩标准就可以规范色彩，便于产品的色彩统一。

国际上采用较多的标准色彩规范系统是潘通（Pantone）色卡，最开始在纱线或面料的色彩打样时，开发商会提供 Pantone 色卡上的色号给供应商，以便进行色彩的统一管理。

### （三）色样确认

开发商提供给供应商色彩打样，最后环节还是需要开发商再进行色样的确认。一般情况下，供应商会将同一个颜色打三个色样供开发商确认，设计师可从其中挑选一个色样作为最终的确定色。需要注意的一点是，在进行色彩规范时，色彩选用计算机版色彩数值时，应用 CMYK 而不是 RGB 数值。因为 RGB 适合色光的配色，CMYK 适合色料的配色。如果是 RGB 在面料上应用，实际效果会有很大区别。

### 三、男装主流色系

色彩不仅是一种情绪的表达，而且会左右人的情感、情绪和行为。在当今感性的消费时代，它会引起消费者的购买欲望、促进消费者购买。

男装设计中使用最多的色彩主要包括无彩色系、蓝色系、米色系、咖啡色系等。

#### （一）黑、白、灰无彩色系

黑、白、灰是服装设计中最常用、最大众的色彩。但从色彩角度而言，黑、白、灰是无彩色系，极具现代感。大多作为基础色和调和色来使用，如图3-58所示。

黑色给人神秘的感觉，也给人庄重

图3-58　无彩色系男装设计

感。灰色给人柔软和都市感，它与太空的色彩接近，因此也有速度与科技感，与其他色彩搭配时，不会影响其他色彩的性格特征。白色是纯洁、清爽、干净、光芒的色彩，给人以淡然一切的感觉。

#### （二）蓝色系

提到蓝色，我们可以深深地呼吸一下，轻轻地闭上眼睛，脑海中会浮现出一望无际的大海和无垠的宇宙，那是大自然中最富裕的色彩。蓝色给我们的感觉是冷静、理智和理性、稳重的色彩，是很多男性服装色彩的首选，它不像黑色给人一种神秘感，是优雅和朴实的色彩，如图3-59所示。蓝色系是众多男装品牌的基础用色，也是点缀用色。几乎每一季的流行色中都会有不同的蓝色出现。

图3-59　蓝色系男装设计

在中国，蓝色的使用很普遍，蓝印花布、唐三彩、青瓷器以及以前老百姓身上的蓝袍，是沉稳、朴实的象征。牛仔蓝是工装的色彩，很多国外男性都会拥有一件钴蓝色的衬衫和一套深蓝色的西服，以此体现朴实稳重的劳动气质。在制服设计中，蓝色是首选的颜色：一方面从色彩的心理角度考虑，可以让人感觉冷静与理智；另一方面从色彩的科学性而言，能使工作人员在工作过程中不易产生视觉上的疲劳。

正规礼服中的黑色其实是特别深的蓝色，体现出庄重、高贵的气质。

### （三）米色系

米色是介于咖啡色与白色之间的色彩，它具有优雅的都市气质和含蓄、内敛的美感。它比咖啡色多了几分清爽与纯净，又比白色多了几分温暖与高贵，也比灰色多了些情感，如图 3-60 所示。

图 3-60　米色系男装设计

米色可与很多种色彩搭配。例如，深色或淡色的上装配以米色的裤子，可以打破认为重色裤子显稳重的着装观念，给人以轻快、休闲的感觉，符合现代人的审美标准。

### （四）咖啡色系

咖啡色让我们联想到秋天这一成熟的季节所带来的硕果累累以及苍茫的沙漠、坚韧的岩石。咖啡色能给人温文尔雅、端庄的感觉，如图 3-61 所示。

图 3-61　咖啡色系男装设计

咖啡色是中性色彩，它的色彩性格不是那么强烈，显示随和、稳重，所以它可以和很多色彩搭配。咖啡色与其他色彩搭配时，会给人很温和的感觉，一旦有对比强烈的色彩点缀就打破了其随和的色彩性格。

### （五）红色系

红色让人想到火焰、血等，古代和现代不管中华民族还是其他民族，都认为红色是能够避邪的色彩。红色是所有颜色中感知度最高的颜色，有一股蓄势待发的能量，能够带来视觉上的强力冲击，在心理上给人刺激、兴奋、热情、活跃、快乐、紧迫、愤怒的感觉，如图3-62所示。

图3-62　红色系男装设计

### （六）橙色系

橙色让人联想到橙子，是一种能量的补充。橙色给人活泼欢快的感觉，常用于表现欢乐、愉悦的主题，是一种容易博得人们好感的色彩，因此常作为用于治愈心理的色彩。在心理上产生温暖、年轻、时尚、勇气、活力、危险的感觉，如图3-63所示。

图3-63　橙色系男装设计

橙色加黑色就变成了咖啡色，给人以健康和力量感。橙色加白色则变成了米色，给人舒适、温馨的感觉。

### （七）黄色系

黄色让人联想到太阳的色彩，有一种能量滋润心田之感。黄色是反光最强烈的颜色，散发着活泼开朗、幸福喜悦的气息。黄色象征着光明，给人心理上产生快乐、明朗、积极、年轻、活力、轻松、辉煌、警示的感受，如图3-64所示。

黄色加黑色则变成棕色，给人复古、自然的感觉。

图3-64　黄色系男装设计

### （八）绿色系

绿色让人想到大自然，草地、树林。绿色是一种表现和平、友善的平衡色，象征着自然、青春和生命。同时，它也是治愈功能的色彩，能减轻压力、抚慰心灵。绿色在心理上产生健康、新鲜、舒适、天然的感觉，如图3-65所示。

图3-65　绿色系男装设计

### （九）紫色系

紫色从色彩与心理的角度来说，是神秘的智慧和能量之色。这几年紫色成为流行色，给快节奏生活的人们以智慧和能量。紫色是高贵且奢华的色彩，是灵性之色。善于表现女性的浪漫、优雅、多愁善感，以及富贵、豪华的效果。在心理上产生高尚、雅致、妩媚、神秘和阴沉的感觉，如图 3-66 所示，近几年流行的紫红色，虽然是女性味很浓的色彩，也被男性所接受且使用。

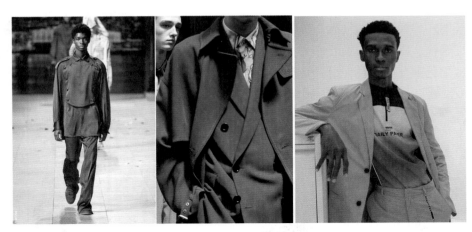

图 3-66　紫色系男装设计

### 四、各民族对色彩的忌讳

由于不同国家、不同民族有不同的政治与宗教信仰，所以对服装色彩有不同的好恶。以黄色为例，印度、缅甸等东方佛教国家，把黄色与"佛法光辉"的佛教教义相联系，广泛使用黄色；日本人也非常喜爱黄色，认为黄色代表了阳光；泰国把黄色作为皇室的标志，并习惯用黄色、粉红色、绿色、橙色、淡蓝色、淡紫色、红色分别代表星期一、星期二、星期三、星期四、星期五、星期六、星期日，民众按日期穿不同色彩的服装；而巴基斯坦则对黄色表示厌烦；犹太人认为黄色不吉祥，是死亡之色，他们喜欢白色。与黄色相同，不同国家和民族对服装的颜色有不同的偏爱。信奉伊斯兰教的国家以绿色象征宗教，因此绿色受到民众的普遍喜爱；非洲人则喜欢鲜明的色彩；北欧国家喜好浅色和宁静素雅的颜色；基督教和道教以紫色表示神权，用在主教、牧师的教袍上；意大利、法国时装受新美术流派的影响，喜欢用新颖、活泼、对比强烈的颜色。

## 第五节　图案与设计

### 一、图案的分类

图案可分为抽象图案、具象图案、综合图案三种类型。

#### （一）抽象图案

抽象图案包括几何形图案、肌理图案和数字图案，是男装中用得较多的一种图案形式。

##### 1. 几何形图案

几何形图案是指运用几何学中点、线、面的排列组合，创造构成的具有形式美感的图案。

随着复古的流行，几何形图案在男装中用得越来越多，如图3-67所示。

图3-67 几何形图案

### 2. 肌理图案

肌理可分为视觉肌理和触觉肌理，是人对世间物质的自我感受。通过面料再造或工艺手法获取，如木质材料的肌理，会让人产生粗糙、螺旋的感觉，而金属则让人产生凉、硬、滑的感觉，如图3-68所示。

图3-68 肌理图案

### 3. 数字图案

阿拉伯的数字图案，是一种记号的体现，每个数字还有其特殊的寓意。例如，数字往往跟运动员的编号联系在一起，因此，数字图案也可以看作是运动元素的图案设计，如图3-69所示。

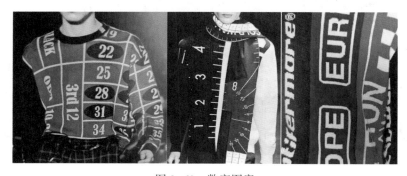

图3-69 数字图案

## （二）具象图案

具象图案是运用图案构成的形式美法则，将自然形的素材进行艺术加工变化，设计成既具体又完美的图案形象。具象图案可分为花卉图案、动物图案、风景图案、人物图案、摄影图集、宇宙万象以及建筑图案，此类图案在休闲风格的男装设计中使用较多。随着科技的发展，高清激光印花使具象图案有一种逼真感。

### 1. 花卉图案

花卉是大自然生命的象征，各种花卉有着不同的象征意义。花卉图案可以通过归纳、分解、添加、绘画等手法体现，表现出风格独特的装饰美感，如图 3-70 所示。

图 3-70　花卉图案

### 2. 动物图案

大千世界，动物的品种繁多，其形、色、神情、姿态应有尽有，与人类构成非常亲密的平衡关系。动物图案深受人们的喜爱，可以通过动物图案来表达人的思想感情，如图 3-71 所示。

图 3-71　动物图案

**3. 风景图案**

风景图案内容丰富、形式多样，是意境的表现，展现出以景寄情、情景相融的艺术效果，如图3-72所示。

图3-72　风景图案

**4. 人物图案**

人物图案突出人物形象的美感表现，由人物的外在美和内在美构成，有的人物图案还会体现名人人物的特有魅力，如图3-73所示。

图3-73　人物图案

**5. 建筑图案**

建筑图案是对某种艺术流派、某时代或某地区的艺术思潮和文化的体现，如图3-74所示。

**6. 摄影作品图案**

摄影作品图案是将摄影作品作为图案的形式呈现，通过数码打印形成逼真的效果。

图 3-74　建筑图案

**7. 宇宙万象图案**

采用宇宙万象的宏观气势或微观图像进行图案设计，如图 3-75 所示。

**（三）综合图案**

在实际运用中，可以将抽象图案和具象图案进行综合地运用，如图 3-76 所示。

图 3-75　宇宙万象图案　　　　　　　　　图 3-76　综合图案

**二、图案选择的要素**

在男装款式设计中，图案选择的要素要考虑品牌的风格特征，图案的流行性、传统性、故事性、主题性以及象征性。

**（一）品牌的风格特征**

风格是品牌区别于其他品牌的不同特征，有独特的视觉语言和个性，所以，即使采用同一种图案元素，在图案形式上的处理也有所不同，如图 3-77 所示。

图 3-77　品牌与图案风格特性

### （二）流行性

服装是一个时尚产业，时效性、流行性很强，因而在选择图案时，首先要考虑它的流行性，如 2012 年流行花卉图案，如图 3-78 所示。

图 3-78　图案的流行性

### （三）传统性

服装图案不仅有流行性，而且传统的图案由于文化因素也会被反复运用。例如，条纹图案体现严肃和挺拔，是以前律师穿着较多的服饰图案；经典的格子图案则表现出休闲和正派，被广泛使用在男装设计中；另外，火腿纹的传统图案等也被现代男装设计所采用。

### （四）主题性

为了体现一个设计主题，在每一季的产品开发中，设计师除了廓型、色彩的主题设计，在图案上也同样会进行一两个主题设计。例如，Gucci 在 2019 年春季的产品中采用中国生肖猪为图案题材，在服装中给予不同的运用。又如，优衣库(Uniqlo)在 2019 年春夏 T 恤的设计中，以优衣库 T 恤（UT）为主题，采用了与 Minions《神偷奶爸》天天过周末进行 T 恤的图案设计。

### （五）故事性

设计师在设计服装时，会将图案内在的生命特征予以充分体现，让消费者产生心灵的共鸣。例如，Dior Homme 在其春季服装中运用"蜜蜂"的图案，"蜜蜂"图案的背后有这样一段记忆，当年迪奥先生的祖父家有个后花园，种满了各种花，蜜蜂经常光顾这里采蜜；另外，拿破仑的玉玺上也有个"蜜蜂"的图案，"蜜蜂"图案充满了勤劳、朴实和皇家贵族的气质，能让消费者产生心灵的共鸣。

### （六）象征性

图案具有一定的象征性。例如，在瑞士猫头鹰象征死亡，忌用于商标；法国人忌讳黑桃、仙鹤图案，认为黑桃图案不吉利，仙鹤是蠢笨的象征。

## 三、图案的工艺实现

图案可以通过多样的工艺手段来完成，工艺的类型非常之多，不同的工艺手段会产生不同的外观特征和不同的触觉效果。这里介绍几种男装设计中常用的图案工艺手段。

## （一）传统印染技艺

现代社会的快节奏，让极具生活气息的慢节奏传统技艺再次融入现代的生活中。传统印染技艺因环保以及手作的温馨再次成为流行。传统印染技艺有扎染、蜡染、夹染及型染，如图 3-79 所示。应用最为广泛的是扎染，通过化学染料呈现出多样、生动的效果，如图 3-80所示。

型染　　　　　　　蜡染　　　　　　　扎染　　　　　　　夹缬

图 3-79　传统印染技艺

图 3-80　时尚扎染

## （二）印花

印花可以通过传统的手工绘画或直接用计算机设计来完成。手工绘画的种类繁多，包括染色法、水粉画法、丙烯酸纤维法、标记法或蜡笔画法等；计算机设计则借助 Illustrator、Photoshop、CorelDRAW 等软件来完成。

印花根据材料的不同，可以分为水性和油性。水性的材料有胶浆、水浆、亮片龟胶、厚板胶浆、金箔等，可以通过直接印花、拔染印花、防染印花、网版印花、滚筒印花等工艺来实现印花效果。下面介绍几种典型的印花工艺。

### 1. 网版印花

网版印花，使染料透过封住了部分网眼的网，从而制作出图案。每种染料必须用不同的网，因为一旦使用了某种颜料，墨就会被留在筛网上，如图 3-81~图 3-83 所示。

（a）丝网印花第二层　　　　　　　　（b）高温烘干　　　　　　　　　（c）印花后成品

图 3-81　网版印花中的胶印

（a）三色直接印　　　　　　　　　　（b）四色直接套印

图 3-82　三色印、四色印

（a）金箔印　　　　　　　　　　　　（b）金粉印

图 3-83　金箔印、金粉印

## 2. 厚版印花

厚版印花是分多次将图案印在面料上，厚度与印的次数成正比，有立体效果，如图3-84所示。

图 3-84　印花设计稿（厚版印、水印）

## 3. 水浆印花和拔染印花

水浆印花和拔染印花的效果一样，手感都比较软。只是水浆印花适合白色或浅色的面料，而拔染印花适合深色的面料。拔染印花是用化学物品把面料上某些部分的颜料去掉，从而生成较浅的颜色。拔染印花可以用滚筒印花法或网版印花法来完成，但成本相对较高，如图3-85、图3-86所示。

## 4. 植绒印花

植绒印花可以分为静电植绒和热转移植绒。静电植绒是直接将纸板上的绒放在图案上，然后利用静电使其牢固。热转移植绒是将纸板上的绒通过高温热转移到面料上，如图3-87所示。

（a）拔印背面　　　　　　　　（b）拔印正面
图 3-85　拔染印花

（a）毛衫上拔印　　　　　　　　　　　（b）T恤上拔印

图 3-86　不同材质上的拔染印花

（a）热转移印花纸板　　　　　　　　（b）热转移印花实物涤纶面料

图 3-87　热转移印花

**5. 油性印花**

油性印花涉及热转移技术或者数字印花技术。这里介绍一下涉及热转移技术的油性印花。油性印花做好后，印花部分会有一定的光泽。热转移印花的过程是把分散的染料首先刷到特殊的转移印花纸上，然后把纸放在布上，让纸和布一起通过大约 200℃ 高温的热转移印花机，高温和压力的作用会促使染料从纸转移到布上。这种技术能产生明亮、清晰、纹理细致的印花花纹，如果使用涤纶的面料效果会比较好，色泽鲜艳。如果使用棉面料进行热转移印花，完成之后还需通过高温水洗加固色牢度，但色彩的鲜艳度会减弱，如图 3-88 所示。

**6. 数码印花**

数码印花是使用计算机印花技术把图案直接通过计算机印在面料上。现代数码直喷清晰度高，为计算机制作的图案或摄影效果的图案起到逼真的效果。

### （三）刺绣

刺绣有手工绣和机器绣两种。手工绣是指以手工方式，用针和线把人的设计添加在织物上的一种艺术，是非物质文化遗产。可以分为苏绣、湘绣、欧绣、乱针绣、金银彩绣、粤绣、蜀绣等，机器绣可以分为平绣、链条绣、粗线绣、仿手工绣、珠片绣、混合绣、雕扎绣、牙刷绣、花带绣、毛巾绣、皱绣、绳绣、植绒绣、贴布绣等，如图 3-89~图 3-92 所示。

高温洗后

转移印花

图 3-88　棉质面料热转移印花

图 3-89　手工毛线绣

（a）毛巾绣

（b）毛巾绣、平绣

图 3-90　毛巾绣、平绣

机器绣中使用的绣花纸有所不同，分为一般性绣花纸和水溶性绣花纸。一般性绣花纸的价格相对便宜，但绣好后绣花部分比较僵硬；水溶性绣花纸的价格贵些，但绣好后绣花部分比较柔软，如图 3-93 所示。刺绣和印花经常会一起使用，如图 3-94 所示。

图 3-91 链条绣 图 3-92 珠片绣

（a）一般性绣花纸的绣后效果 （b）水溶性绣花纸的绣后效果

图 3-93 不同绣花纸的绣后效果比较

图 3-94 刺绣和印花的混合工艺

### （四）水洗

成衣水洗或面料水洗是现代服装设计中应用较多的一种工艺技术。成衣水洗的染色技术可以使设计的用色更加丰富、设计生产的时间缩短。在成衣水洗中，牛仔水洗的种类非常多，一件牛仔服装通过水洗可以产生多样的设计感觉，通过化学剂的媒介可以达到不同的效果，主要有石洗、水洗、酸洗、靛蓝洗、漂白、颜料喷涂、喷沙、吊染、涮色、灰色洗、硫黄洗、雪花洗、烫金洗等方式，各种水洗的方式也可以结合使用。雪花洗是近几年比较流行的一种水洗方式，水洗后服装的损坏会比较多，每一件服装水洗后的效果会有所差别，随意性较大，如图3-95所示。面料水洗与成衣水洗有所不同，成衣水洗在缉线处有均匀的水洗痕迹，成为一个视觉上的设计点，而面料水洗则会增加面料水洗后的柔软度，体现舒适性。

图3-95　水洗技术中的雪花洗

### 四、图案与款式造型

图案在款式设计中的运用，首先是好纹样，然后再选择与之相适应的工艺去实施。可以在已有的面料上进行印染、刺绣、面料再造等，也可以采用专门制作图案配件进行贴缝等手段去表现。

#### （一）面辅料中的图案运用

面辅料中的图案运用，一方面是对已有面辅料图案的选择，另一方面进行与每季产品开发相关的面辅料图案设计，然后让指定的供应商打样、确认、生产。

#### （二）款式中的图案再设计

对里料图案的设计运用，以及对不同图案形状的纽扣、拉链头、撞钉、四合扣等小辅料的设计运用。

服装造型中图案本身的设计以及它的位置排列等都是图案设计。

成衣的印染设计，也是一种图案的表现，如图 3-96 所示。

图 3-96　成衣印染设计

**五、图案与应用设计**

图案的设计应用，要考虑服装风格、消费群体的年龄层、喜好、性格特点、时尚流行的趋势以及各民族对图案的忌讳等。

**（一）服装风格与图案**

商务风格所使用的图案元素以抽象小图案为主，以彰显端庄、内敛、稳重的品牌形象，如图 3-97 所示。

休闲风格所使用的图案元素根据休闲定位不同，采用的图案侧重点也会不同。休闲时尚品牌以流行的波普艺术图案、数字或者英文字母为主；个性休闲品牌则较少采用抽象艺术图案，以强调面料本身的质感和款式装饰细节为主要设计点（图 3-98）。

运动风格所使用的图案元素，大多采用数字、抽象图案，或者以国旗的色彩和品牌的标志居多（图 3-99）。

**（二）各民族对图案的禁忌**

日本人喜爱的图案有松、竹、梅、鸭、乌龟，但禁忌菊花、荷花图案；狗在泰国是禁忌的图案；新加坡人喜爱红双喜、大象、蝙蝠图案；伊拉克、沙特阿拉伯等国家禁忌猪、熊猫、

图 3-97　商务品牌图案设计特点

图 3-98　休闲服装的图案设计特点

图 3-99　运动品牌的图案设计特点

六角星的图案；埃及人喜爱金字塔造型的莲花图案，禁穿有星星、猪、狗、猫、熊等图案的服装。

## ☞ 思考题

1. 男装产品的设计要素有哪些？
2. 请谈谈你对色彩与流行应用关系的理解。

## ☞ 课后作业

设计三个系列的男装产品。要求服装成系列，有主题性，表达形式不限，需要有相关的设计说明。

## 男装单品分类设计

**课程名称：**男装单品分类设计

**课程内容：**礼服设计、西服设计、衬衫设计、夹克与外套设计、
裤子设计、毛衫设计、T 恤设计

**课程时间：**8 课时

**训练目的：**让学生熟悉男装各种单品的设计方法和设计特点。

**教学方式：**多媒体授课，通过大量案例和图片进行教学，激发
学生学习的积极性。实操教学与项目相结合，让学
生进行男装产品的单品设计练习。

**教学要求：**1. 让学生熟悉男装礼服的设计方法和设计特点。

2. 让学生熟悉西服的设计特点和不同风格的西服设
计方法。

3. 让学生熟悉衬衫的设计特点和不同风格的衬衫设
计方法。

4. 让学生熟悉夹克与外套的设计特点和设计方法。

5. 让学生熟悉裤子的设计特点和不同风格的裤子设
计方法。

6. 让学生熟悉毛衫的设计特点和不同风格的毛衫设
计方法。

7. 让学生熟悉 T 恤的设计特点和不同风格的 T 恤设
计方法。

**课前准备：**准备一些典型的男装款式让学生了解它们的构成方
式、工艺特点以及造型特点。

# 第四章　男装单品分类设计

## 第一节　礼服设计

### 一、礼服

礼服，是身份的象征。作为交往中的礼仪需求，男性穿着礼服时须遵从国际男士礼服的穿着惯例和 TPO（Time 时间，Place 地点，Occasion 场合）穿着规则。现代男性在社会交往中的礼服，往往是以简洁、实用的黑色（实际是特别深的看起来像黑色的蓝色）西服套装为主，配以衬衫、领带（领结）、皮鞋、深色袜、皮包、手表等得体的服饰；也可穿民族性的礼服，如我国的中山装等。

礼服的面料品质要好，做工要精致。为了体现高贵气质，可选择有光泽感的面料，如图 4-1 所示。

### 二、礼服的设计特点

根据穿着目的对男士礼服进行分类，可以分为宴会服、婚礼服等。宴会服根据穿着时间不同，又可以分为日间宴会服和晚间宴会服。日间宴会服的设计色彩最好选用无彩色系列（选用黑色较多）。面料以精纺羊毛为主，偏好素色或带有隐竖条图案的面料，体现端庄、高贵的气质。由于夜间灯光的影响，晚间宴会服的设计通常选择华丽的面料，如带光感的西服面料或者领面与大身不同质地的面料，又如领面是有光泽的面料，而大身是精纺的羊毛面料。由于是晚上穿，为了体现神秘感，色彩可以以深色为主，在服装的款式设计上也可以大胆一些，如图 4-2 所示。

图 4-1　礼服设计

图 4-2 礼服细节设计

# 第二节 西服设计

西服是最适合男性穿着的一种服饰，自三百多年前形制大体确立之后，它的生产与穿着渐趋固定化、标准化，在色彩、造型、材料、工艺等各个方面都表现出相当的功用性、严谨性、稳定性和科技性。由于西服是通过顺应男性的人体自然曲线而产生强健、大方的美感，因此西服设计一定要与被设计者的身材、气质相符。

### 一、西服的基本样式

西服的基本样式是驳领和止口设计在胸部，外形与男性体型保持合体，大身为六片，袖子为两片，如图 4-3 所示。

### 二、西服的分类设计

西服从轮廓的特点分，可分为英式西服、意式西服和美式西服。英式西服的特征为合身的垫肩，修身的腰身，修长的衣身。意式西服的特征为细瘦合体的造型，肩部略宽的优雅的

图 4-3　基本型西服的设计

男性形象，船型的胸袋。美式西服的特征为 H 型造型，前身不收省，呈直线箱型轮廓，自然肩穿着舒服。从场合出发可分为正式西服和休闲西服。

**（一）正式西服**

正式西服在传统的服装里是指上下装不同面料的西服套装。后来随着西服的演变，成为上下装面料、色彩一致的服装，严谨端庄，正式西服也可以作为礼服穿着。在正规场合穿着的正装西服要搭配正装衬衫、领带（领结），在西服的细节设计里最好没有摆衩，袖纽扣为 3~4 粒。作为礼服的西服，纽扣可用同色面料包扣，如图 4-4 所示。

图 4-4　正式西服

正式西服的设计变化不大，但在板型、细节、工艺上的要求很高，如西服的袖长要合身，不能太长，因为正式西服在穿着时，要露出 2cm 的衬衫袖子。

### 1. 面料

正式西服的面料主要采用高纱支和精纺的全毛面料、全羊绒面料、羊绒与羊毛混纺或者毛涤混纺面料。面料的图案大多为素色提花或条纹，颜色以深色为主，深色面料上的条纹色彩往往采用当季的流行色，如图4-5所示。随着近几年亮色色调的流行，格子面料、亮色面料在正式西服的应用中也逐渐增多，如图4-6所示。

### 2. 工艺

正式西服的工艺特别考究，用到各种辅料，包括全毛衬、半毛衬、

图 4-5 正式西服的面料特点

胸衬、垫肩、弹袖条、牵带等，再加上归拔工艺的使用，使西服的胸部挺拔而富有弹性，领面平整、服帖，袖子与大身之间饱满，且能修饰男性体型上的一些缺陷，是男性着装效果最

图 4-6 正式西服的流行面料特点

好的一种款式，如图4-7所示。正式西服的工艺特点还体现在内部工艺的设计上，大挂面、小挂面、拼接挂面、拱针、嵌条等工艺设计完美地呈现出"细节中见真彰的男性"。

**3. 细节**

正式西服在外形细节上的设计变化主要体现在领型，如平驳领、戗驳领、青果领等，领止口的高低、领面的宽窄、串口的高低和倾斜度、西服的修身程度以及手巾袋、口袋、真假袖眼、双排扣、单排扣等设计上，如图4-8所示。近几年流行的西服止口较高、领面较窄，且戗驳领的设计有增多的趋势，这与当下的复古潮不无关系。

在西服的设计中，胸袋的设计非常重要。因为胸袋在国外男士的着装搭配中起到画龙点睛的作用，往往在胸袋里装饰不同的胸花、手巾，如图4-9所示。

图4-7　正式西服的工艺

图4-8　西服的细节设计

图 4-9　西服胸袋装饰设计

### （二）休闲西服

休闲西服只是将西服作为形式上的参考，在面料选择、工艺运用、廓型变化、细节设计上都有了大胆的创新和突破。

#### 1. 面料

休闲西服的面料不再局限于粗纺羊毛面料和羊绒面料，越来越多地使用棉、麻、丝、混纺、化纤等多品种、多感官的面料，服装外观随意、休闲，如图 4-10、图 4-11 所示。在近几年的流行趋势下，格子和艳色的西服、手工与科技感的西服逐渐增多。尤其是在国外，大格子、蓝色调、橙色调等鲜艳的色彩，以及扎染有光泽的面料被时尚男士所接受，如图 4-12 所示。

图 4-10　休闲西服的面料特点

图4-11　休闲西服面料

图4-12　时下流行的休闲西服特点

## 2. 工艺

休闲西服的工艺设计比正装西服简便很多，除毛料之外，其他的如棉、麻、丝等面料无须归拔，通过廓型拼接、包边、拱针、缉明线、口袋等多样的工艺手段就能进行设计上的变化，如图4-13、图4-14所示。

图4-13　休闲西服工艺设计一

图 4-14　休闲西服工艺设计二

**3. 廓型**

　　休闲西服的廓型相对于正装西服来说变化很多，比较丰富，如图 4-15 所示。这几年受街头风格的影响，宽大的休闲西服也随之流行，或者是韩式的修身短小的休闲西服。韩版的西服比较短小，显中性化，下面再配紧身裤，显得时尚，如图 4-16 所示。

图 4-15　休闲西服的廓型设计

图 4-16　时下流行的休闲西服特点

**4. 细节**

休闲西服外部造型的细节设计比正装丰富很多，主要体现在领部、肩部、腰部、口袋、门襟、袖口以及胸部等部位的设计上，具体包括止口、串口的高低，领面的宽窄，西服背部不开衩、单开衩和摆衩的设计，袖口处真眼与假眼的设计，纽扣的数量，腰部分割与否，缉线的粗细、色彩及工艺，里布的设计，不同面料的拼接以及针机织拼接设计等，如图4-17~图4-21所示。

图4-17 休闲西服细节设计一

图4-18 休闲西服细节设计二

图4-19 休闲西服细节设计三

图4-20　针织、机织拼接的休闲西服细节设计

图4-21　休闲西服领部的细节变化设计

### 三、西服的规格与造型设计

从身材角度出发，西服的规格主要是指身高和胸围的尺寸变化，国际上通用的46、48、50、52、54西服号型是以英寸为单位，如46号型是指放量后胸围为46英寸（1英寸＝2.54cm）的男性尺码。我国也有一些企业采用身高和胸围标注的号型，如76/110A，是指上衣长为76cm，胸围为110cm，A则代表标准体型。出现这类号型的企业，他们的西服号型就不止四种，多的能达到30余种，主要是为了提高西服量体裁衣的合体性，吸引更多的消费群体。

西服主要的部位尺寸设计有胸围、中腰、下摆、肩宽、止口高、袖长、后中长等，如图4-22所示。西服的部位尺寸设计跟年龄有关：年轻的男性身材好，喜欢衣身短、袖子长的款式，有时尚感；对于年纪偏大的男性来说，腹部微微隆起，喜欢传统的衣身略长、袖长合适的西服款式。

规格：175/92A
单位：cm
主要部位尺寸：
①胸围：108
②中腰：99
③下摆：108
④肩宽：47
⑤止口高：28
⑥袖长：62
⑦后中长：74

图4-22　西服主要的部位尺寸设计

# 第三节　衬衫设计

## 一、衬衫的基本样式

衬衫的基本样式采用育克（过肩）设计，后背有育克，前开襟，一片袖，有领座，领里有插片，袖克夫与袖身之间有褶裥，增加了手臂的活动量，因为衬衫大多束在腰里面，衣身较长，如图4-23所示。

图4-23　衬衫的基本样式图

### 二、衬衫的分类设计

现代男式衬衫按用途及款式的不同，可分为礼服衬衫、正装衬衫和休闲衬衫三类。

#### （一）礼服衬衫

传统的礼服衬衫是双翼领或立领，前胸采用 U 字形的裁剪或绣花设计，前襟有六粒纽扣，由珍珠或贵金属制成，袖克夫采用双层翻折结构等。随着礼服在服装中的淡化，礼服衬衫的应用越来越少，但很多设计细节可以应用到其他衬衫的设计之中。

**1. 面料**

礼服衬衫的面料以素色和隐条纹为主，如图 4-24 所示。

图 4-24　礼服衬衫的面料

**2. 工艺**

礼服衬衫的工艺主要体现在领子、领角定型、U 字形裁剪和前胸绣花的工艺处理上。

**3. 细节**

礼服衬衫的细节设计主要体现在领部、胸部以及袖口上，如图 4-25~图 4-27 所示。

图 4-25　礼服衬衫的领型设计

图 4-26　礼服衬衫的袖口设计

图 4-27　礼服衬衫的细节设计

## （二）正装衬衫

正装衬衫既可以穿在西装内，也可以穿在西装外，有时也可以作为礼服衬衫穿着。这种衬衫的造型、尺寸等可以与礼服衬衫相同，目前流行的正装衬衫较为合体，一般略微收腰，如图4-28 所示。

图 4-28　正装衬衫设计

正装衬衫由于外形变化不大，其主要的设计点体现在面料选择、工艺运用和细节设计。

### 1. 面料

正装衬衫的面料大多采用高纱支的全棉面料，光泽好且细腻，但容易起皱，有时还会采用真丝、丝棉等高品质面料。为了便于洗涤和保养，可以采用棉涤混纺的 PT 面料，不易起皱，容易洗涤，或者经过定型的全棉面料，一般不会对这种高纱支的面料进行定型处理。面料图案以素色、素色提花、细条纹、细格纹为主，为与深色西服相衬，衬衫面料的底色以浅、中明度的色彩为主，如图 4-29 所示。

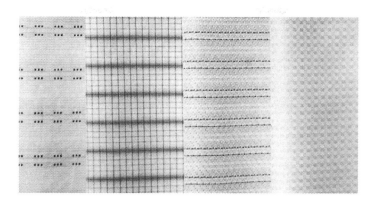

图 4-29 正装衬衫的面料选择

**2. 工艺**

正装衬衫的工艺运用主要体现在领部工艺的用衬和定型上。领的不同用衬处理会带来不同的效果，领衬在领面则外观硬挺，领衬在领里上，外观则显得自然。为了使领子服帖，有时还会在领里插上插片。

**3. 细节**

正装衬衫的细节设计体现在领部和门襟的设计上。和礼服衬衫的领部设计一样，正装衬衫的领部设计变化也比较多，有方领、尖角领、八字领以及立领等。另外，领衬的厚薄、领面的长宽、领座的高低、门襟的变化、袖克夫的宽窄、平门襟和明门襟的运用以及袖衩、下摆的处理都属于细节设计，如图 4-30、图 4-31 所示。

图 4-30 正装衬衫的细节设计

图4-31　正装衬衫领子与袖口的配套设计

### （三）休闲衬衫

休闲衬衫洒脱、舒适，在面料、工艺、细节上的变化更为丰富。休闲衬衫可分为长袖和短袖，造型以 H 型或者略收腰身为主，如图 4-32、图 4-33 所示。时下流行的衬衫以宽松的箱式衬衫为主，显中性化。

图4-32　休闲衬衫设计一

图4-33　休闲衬衫设计二

**1. 面料**

由于衬衫是与身体直接接触，不管是从触觉角度还是从身体健康角度出发，都要求面料吸湿性好，柔软、滑爽，衣着舒适，不易起皱。休闲衬衫选用全棉、棉麻、全麻等天然纤维较多。为了增加效果，可以对有些面料进行水洗处理，来加强休闲或柔软的感觉，或者在面料里加点弹性纤维，如莱卡、氨纶，使面料有较好的弹性。有些抗皱性好的面料也很流行，如涤棉以及棉涤混纺的 PU（聚氨酯，也是人造皮革的一种）、PV、CV、CP 等。价格不同，面料的纱支也会有所不同。面料图案主要采用直条、格子、素色提花、素色或者印花等，如图 4-34 所示。近几年，格子面料、照片印花、扎染图案、亚麻的面料很流行。

图 4-34　休闲衬衫面料设计

**2. 工艺**

休闲衬衫的工艺没有正装衬衫那么复杂，无须对领子定型，领衬以薄的黏合衬或者水洗衬为主。有些衬衫为了增加怀旧的效果，可以进行面料水洗或成衣后水洗的处理。但由于休闲衬衫在细节上变化较多，所以在细节工艺上比正装衬衫多了很多，给大批量生产增加了一些加工成本，如图 4-35 所示。

图 4-35　休闲衬衫的细节工艺（设计者：徐鼎鼎）

**3. 细节**

休闲衬衫的外形变化不大，主要体现在面料花型、领型、袖克夫、肩部、胸部、门襟以及下摆的细节设计上。例如，立翻领、翻领的设计，同样是翻领，领面的大小是设计的重点，也是衬衫流行与否的关键部位；门襟的设计分为光边门襟、翻边门襟、暗门襟；下摆有圆摆、方摆或成克夫状；后背下部设计分为开衩或不开衩；缉明线有线的粗细、撞色线、配色线、仿手工线、花色工艺线之分；前胸袋可以是小贴袋，也可以是暗袋，或是有不同形状的袋盖或贴袋等；在前胸或袖子上也可以有绣花图案、文字、标志等变化。如图4-36、图4-37所示，是时下流行的衬衫设计，采用色块拼接，高清激光花卉印花，复古的条纹、格子图案，棒球领的设计等，体现时尚感。

图4-36　时尚休闲衬衫设计

图4-37　时尚花卉衬衫设计

### 三、衬衫的规格与造型设计

衬衫设计最需要了解的身材部位是身高和领围。例如，衬衫的号型是40，是指适合领围为40cm的男性，如图4-38所示。

规格：175/92A
单位：cm
主要部位尺寸：
①胸围：108
②中腰：104
③下摆：108
④肩宽：47.5
⑤前衣长：78
⑥袖长：63

图4-38　衬衫规格与造型设计

　　一般情况下，男性穿着衬衫喜欢将衬衫下部束在裤腰里，为了避免弯腰后束在裤腰里的衬衫跑出来，因而会将衣长设计得较长。袖子的长度设计到手的虎口位置，一旦手臂弯曲，袖口的部分仍然在手腕处。时尚衬衫可以设计得比较修身，衣长较短，袖长较长，衬衫可外穿；有个性的衬衫，衣长较长，袖长也较长，衣服修身。大多数情况下，休闲衬衫的造型设计都是视品牌风格而定。

# 第四节　夹克与外套设计

　　夹克是英文单词"Jacket"的音译，需要强调的是，国外"Jacket"是指外套，包括休闲西服、夹克、外套，是广义的外套统称，这与我国所指的夹克不太一样。

## 一、夹克的基本样式

　　夹克最早的款式主要是箱式宽松外套，与西服在样式上形成很大的反差，袖口和下摆处都装有克夫，衣身较为肥大，如图4-39所示。

图4-39　夹克的基本样式

## 二、夹克与外套的设计特点

### （一）夹克设计

夹克以雄健帅气、简洁短巧的外形特点博得了男性的喜爱，最大的优点在于随意性和舒适性，对人体尺寸的测量要求不像西服那样苛刻。

**1. 面料**

随着男性服装的时装化以及夹克被男性在越来越多的场合穿着，夹克设计也出现了多种变化。商务休闲类的夹克会给人简洁、精练的感觉，运动类的夹克给人柔软、率真、雄健的感觉，休闲类的夹克则更是多样化、个性化，如图4-40、图4-41所示。

图4-40　夹克设计

商务夹克面料　　　　　　　运动夹克面料　　　　　　　休闲夹克面料

图4-41　夹克面料的特点

**2. 廓型**

夹克在廓型上的设计主要是 H 型、T 型两种，这两种廓型在男装不同的风格设计中都可以采用，如图 4-42 所示。夹克设计的关键是对廓型的把握和对内在结构的设计。例如，同是 H 型的廓型设计，由于服装的放松量不同，服装的视觉感则完全不同，较为合体的 H 型夹克显得修长、利索，而肥大的 H 型夹克则显得随意、洒脱。同一种廓型的内部结构线或者装饰线不同，也会产生不同的设计风格，如图 4-43 所示。

图 4-42　夹克廓型设计

图 4-43　夹克内部结构线和装饰线的设计

**3. 细节**

夹克的细节设计主要体现在领子、口袋、胸部等部位，如图 4-44～图 4-46 所示。一般而言，结构线、装饰线体现得越明显，风格越个性化，服装越休闲。当然服装面料的选择也是体现风格的关键所在。

图 4-44　夹克细节设计一

5.5cm　　0.5cm 双嵌线装饰
配色套结
缉双明线，0.8cm

3.5cm

2.6cm　明齿拉链
裁开后再缝，
缉明线0.2cm

3.5cm

后背中缝
两边缉明线0.8cm

图 4-45　夹克细节设计二

图 4-46　夹克细节设计三

### （二）外套设计

外套所包含的服装很多，上面提到过的西服、夹克、衬衫，甚至背心、毛衣都可以作为男士的外套穿着。在这里，外套主要是指风衣、长外套、短外套、棉褛、羽绒服等。这几种款式在廓型设计上有相似之处，差别主要在于不同工艺的运用以及不同的填充物。例如，棉褛的填充物是丝棉，羽绒服的填充物是鸭绒和鹅绒，不同的填充物其工艺特点也不同，如羽绒服必须在填充物外加一层专用面料，防止里面的羽绒钻出来，如图4-47所示。

图4-47　棉褛与羽绒背心外套

**1. 廓型**

男士的外套廓型大多采用H型或T型，与前面提到过的服装一样，服装的内在结构线、装饰线以及面料、色彩的选择是设计的关键，如图4-48所示。

图4-48　外套廓型设计

**2. 面料**

外套的种类繁多，可使用的面料也非常多。棉、麻、涤纶、锦棉、锦涤、羊绒、针织等面料，都可以用于外套制作。根据外套的款式和功能不同，面料的选择也有所不同。例如，风衣一般采用防静电的面料，羽绒服一般采用密度高的面料，如图4-49所示。

图4-49　外套款式设计

### 3. 细节

外套的设计点主要体现在肩部、胸部、腰部以及背部。由于男性的外套大多是以单色、素色为主的设计，为了满足不同男性的个性需要，男性外套设计中的内里工艺和细节设计成为外套设计不可忽视的部分。例如，花色里布、亮色里布、与大身成对比色的里布，亮色布、暖色布在深色里布中的镶嵌、滚边设计，衬里部分口袋的多种装饰手法等，如图4-50、图4-51所示。

图4-50　外套细节设计

图 4-51　外套内里细节设计

接下来，以羽绒服为例介绍外套的设计特点。

羽绒服为了不使里面填充的羽毛混结成块，不同的绗缝设计成为羽绒服设计的一大特点。羽绒服的面料都是柔软性较好、高密度的织物，以突出羽绒服轻便、舒适的特征。在细节设计上，为了不让里面的羽毛钻出来，尽量减少针缝的设计，因此，羽绒服的设计大多以拉链为主。羽绒服是冬季户外活动的服装，也作为滑雪运动的专用服装，保暖性好。在色彩上，除了冬季惯用的深色系之外，白色、亮色以及鲜艳色的点缀也使羽绒服多了运动的特点。这几年羽绒服流行突出整体的膨胀感，肥肥大大，款式可爱。

### 三、夹克与外套的规格和造型设计

夹克与外套的造型设计主要与外观的造型有关，由于夹克要求舒适性，因此夹克的胸围放松量比西服的胸围放松量要大些，以 175 号型的服装为例，胸围在 120cm 左右，腰部的设计与款式的造型有关。

男性夹克与外套主要的尺寸与胸围、肩宽、腰围、下摆以及袖长有关，如图 4-52、图 4-53 所示。

规格：175/92A
单位：cm
主要部位尺寸：
①胸围：120
②下摆1：116
③下摆2：100
④肩宽：49
⑤后中长：68
⑥袖长：64

图 4-52　夹克造型尺寸设计

图 4-53 外套造型尺寸设计

# 第五节 裤子设计

裤子是男装中的一个大类，也是男子下装的固定形式。

## 一、裤子的基本样式

裤子的基本样式是两条裤腿，一个开口的前门襟，再加一个腰，如图 4-54 所示。

## 二、裤子的分类设计

裤子的种类繁多，根据外轮廓的特点可分为萝卜裤、直筒裤和喇叭裤等。萝卜裤上裆长，臀部宽松，脚口较窄。直筒裤从腰围形成直线形，给人以健壮、挺拔、刚强而不失时尚之感，是目前男性裤装中运用最多的一种外轮廓造型。喇叭裤是臀部较紧、脚口呈喇叭形的设计，给人时尚、潇洒的美感，在年轻时尚而富有个性的牛仔裤设计中运用较多。裤子的外轮廓造型会随着时尚流行的变化而变化，带有明显的时代色彩和感情色彩，如图 4-55 所示。

图 4-54 裤子的基本样式

图 4-55　时下流行的裤款

从裤装的风格来划分，有西裤、休闲裤、牛仔裤和运动裤等。

（一）西裤

**1. 面料**

西裤的面料主要采用全毛、毛涤和全涤等悬垂性较好、挺括的面料，现在也流行针织的面料做成西裤，与当下运动风的流行有很大关系。

**2. 工艺**

西裤工艺要求板型美观，做工精致。主要有腰里、里襟、裤里等工艺运用，脚绸的工艺设计可以加强裤子的悬垂性，如图 4-56 所示。

**3. 廓型与细节**

西裤的廓型根据品牌设计的风格而定，如有的品牌的西裤廓型是小的直筒裤，臀部饱满，腿形细长。常规的西裤裤腿比较肥大，如图 4-57、图 4-58 所示。

图 4-56　西裤工艺

图 4-57　正装西裤款式图一

图4-58　正装西裤款式图二

　　西裤的细节设计主要在腰部以及脚口部分,包括低腰和中腰的设计、大门襟和小门襟的设计等。

## (二) 休闲裤

　　休闲裤根据裤子的长短可以分为长裤、九分裤、七分裤和短裤等,如图4-59所示。

图4-59　休闲裤的不同裤型

**1. 面料**

　　休闲裤的面料主要采用全棉机织面料，或涤棉、棉锦面料为主，随着休闲风的越演越烈，针织面料也是裤子的一大选择。近几年流行一种天丝棉的面料，比全棉面料更加柔软、滑爽，是春夏季消费者比较喜欢的面料。当然，随着正装化趋势的再次流行，全毛、毛涤混纺、涤纶等面料也在休闲裤中流行起来。另外，运动风格的流行，使得运动元素在休闲裤设计中也被运用，如针织棉在休闲裤的设计中也被使用得越来越多。根据不同的设计风格，也会选择不同图案的面料进行裤装设计，如沙滩裤会选用花色面料来制作，体现一种休闲、轻松、拥抱大自然的感觉。如图4-60所示，是目前流行的带复古面料的裤子设计。条纹面料、格子面料、艳色面料成为主要的设计关键元素。

图4-60　复古风面料的裤子设计

**2. 工艺**

　　休闲裤的工艺设计不如西裤复杂，主要体现在板型设计、多口袋以及细节设计的工艺处理上。

**3. 廓型与细节**

　　休闲裤的廓型与裤长、臀围和横裆有关。以腰部的高低来分，有高腰裤、中腰裤以及低腰裤。不同年龄男性对腰头的要求不同，大多数男性比较喜欢低腰裤，这是根据男性穿着裤子的习惯得知——男性腰头会束在高过胯部上面一点的位置，也是低腰的部分。根据裤子横裆的宽窄来划分，裤子可以分为铅笔裤、直筒裤、喇叭裤、萝卜裤等，如图4-61、图4-62所示。

图4-61　休闲裤设计

图 4-62　裤子廓型与细节设计一

　　休闲裤的细节设计非常丰富，包括多口袋、抽绳、拉链、橡皮筋、腰部装饰、拼布等细部设计，如图 4-63、图 4-64 所示。

图 4-63　休闲裤细节设计二

## （三）牛仔裤

　　牛仔裤是 19 世纪的美国人为应付繁重的日常劳作而设计出的一种工作服。一开始，牛仔裤作为劳动人民的象征，难登大雅之堂。如今，牛仔裤跻身服装界，并迎合流行，不断地变换新款式，风靡全球。

图 4-64　休闲裤拼布设计

### 1. 面料

牛仔裤大多用 100% 的棉纤维面料制成，有些也会加入 2%~5% 的氨纶纤维，以增加牛仔面料的弹性。

由于面料加工工艺不同，会形成不同的外观特征。目前世界上有多种牛仔面料，如图 4-65 所示，用得较多的是环锭纱牛仔布、经纬向竹节牛仔布、超靛蓝牛仔布等。众所周知，大多数牛仔裤的制作都会经过磨洗，通过磨洗之后，面料的外观会发生变化，形成不同的外观设计效果。环锭纱牛仔布经过磨洗加工之后，表面会呈现出朦胧的竹节状风格，符合当今服装个性化的流行趋势。近几年，随着天然染料的兴起，牛仔裤采用传统靛蓝进行染色，环保，绿色。

图 4-65　不同的牛仔面料

### 2. 工艺

牛仔裤的加工工艺分为两种。一种是制作加工工艺的特殊性，在侧缝或者口袋的制作上会增加套结和撞钉工艺，这是由于过去的牛仔裤用厚实的帆布制作，着装者劳动强度大，因而需要套结和撞钉加以巩固，现在这种工艺以装饰工艺的用途被保留下来。另外，牛仔裤在制作成成衣后需要再进行磨洗等工艺，在磨洗中会磨损，套结和撞钉也会起到牢固的作用。另一种加工工艺是制作成成衣后的后整理水洗工艺，包括猫须、拉破、磨白、酵素、石磨、喷沙、硅油、漂色、套色、雪花洗、压皱以及涂层等，近年来较为流行的是雪花洗，如图 4-66 所示。

石洗　　　　水洗、酸洗　　　　靛蓝洗

漂白、靛蓝洗　　　漂白　　　颜料喷涂　　　喷沙效果

吊染　　　涮色　　　漂白喷沙灰色洗　　　硫黄洗

图 4-66　牛仔裤工艺设计

**3. 廓型与细节**

牛仔裤的廓型设计与流行趋势保持一致，体现时代感。近几年流行的是瘦腿直筒裤、直筒裤、九分裤、五分裤等，如图 4-67 所示。现如今牛仔的设计越来越时装化，用印花图案，做成棉、麻的面料肌理，不同面料的拼接，休闲的多口袋设计等，如图 4-68 所示。

图 4-67　牛仔裤廓型

图 4-68　多样的牛仔裤廓型与细节设计

　　牛仔裤的细节设计通过分割、拼接，结合拉破、缝合、雪花洗等后整理加工工艺来完成，如图4-69所示。牛仔裤的细节设计也可以通过裤里、袋布的设计来体现个性化，如图4-70所示。

图4-69　牛仔裤细节设计一

图4-70　牛仔裤细节设计二

　　牛仔裤在今后的流行中，可能会出现清新的复古风、夺目色彩的波普风格以及用高闪光金箔印花呈现破损拼贴的外观等趋势，如图4-71所示。

图 4-71　牛仔裤流行趋势

### （四）运动裤

随着人们生活水平的提高，全民健身运动的开展，运动成为人们生活的一部分，穿着运动装逐渐成为时尚生活的一种表达方式。街头篮球、滑板、街舞和极限自行车等新兴运动开始流行，这些街头时尚元素同样对运动裤的设计产生影响。

**1. 面料**

运动裤的面料要与运动的性能结合起来考虑，随着科技的发展，面料向轻便、多样化发展，如针织棉、网眼面料以及吸汗、吸湿、轻便易干的面料等，如图 4-72 所示。时装化的运动面料，也向着印花、渐变多样化面料拓展。

图 4-72　运动面料

**2. 工艺**

运动裤的工艺相对比较简单，主要包括使用橡皮筋、嵌条、抽带等工艺。

**3. 廓型与细节**

运动裤有长裤、七分裤和短裤之分，根据运动的特点，大多数比较宽松，有些较为紧身，如图 4-73 所示。

运动裤的细节设计主要体现在拉链的装饰上，如户外的

图 4-73　专业的运动裤一

运动裤会在裤腿中间装拉链，变成可拆卸的七分裤或者短裤。脚口用调节扣的设计，可以使运动裤调节到合适的状态。多口袋的设计，可以加强裤装的功能性。另外，还有嵌条、反光标志等装饰性设计。

　　总而言之，运动裤的设计点主要体现在面料的采用以及细节的设计，如同样是直筒裤，由于脚口的大小和面料不同，会给人完全不一样的感觉；色彩以亮丽、对比强的配色为主；商标、纽扣、腰衬等一些辅料的设计以及口袋等装饰结构的设计也会增加运动裤的个性美，如图 4-74、图 4-75 所示。

图 4-74　专业的运动裤二

图 4-75　流行的运动装设计

### 三、裤子的规格与造型设计

设计裤子的规格主要需要了解腰围、臀围以及裤长。裤号型通过腰围和裤长体现，如82cm×112cm，82cm 指腰围，112cm 指裤长，如图 4-76 所示。

规格：82×112
单位：cm
①臀围：103
②横裆：30
③中裆：23
④脚口宽：21
⑤腰围：84
⑥上裆：23
⑦前裆弧长：23.5
⑧后裆弧长：38
⑨裤长：112
⑩腰头宽：4

图 4-76　裤子的规格与造型设计

横裆是裤子设计中比较关键的部位，横裆的宽窄以及脚口的尺寸直接影响裤子的造型设计。例如，横裆和中裆都紧身，脚口宽大就成喇叭裤；而横裆和中裆都紧身，脚口较窄就成了铅笔裤；横裆宽松、脚口较窄就成了萝卜裤。

上裆的长短是影响腰部和臀部造型的主要因素，如上裆短则是低腰裤，上裆长则是中腰裤或高腰裤，上裆超长则是这几年流行的哈伦裤。

前裆弧线和后裆弧线的尺寸是影响裤子的外形美观以及穿着舒适性的重要因素。一般情况下，如果前裆弧线和后裆弧线相差较大，则适合体型标准和瘦小的人穿着，着裤后臀部饱满，前腰围线往下，后线提起，与男性标准人体效果差不多；如果前裆弧线和后裆弧线相差不大，则适合中规中矩的男性以及肚子较大的男性穿着，腰头束得较高，从侧面看，前后腰差高低差距不大。

# 第六节　毛衫设计

穿着毛衫令人感觉柔和、休闲，因此毛衫越来越受到男性的喜爱。

## 一、毛衫的基本样式

毛衫的基本样式是先织成衣片，然后通过套口联结，联结处会出现收口，产生美感，如图4-77所示。

## 二、毛衫的设计过程

毛衫的设计是从一根纱线开始，如图4-78所示。首先选定纱线的种类，包括棉、麻、毛、丝、羊绒以及各类混纺纱，然后染色，确定是素色纱还是混色纱，再织成坯布或者坯片，如图4-79所示。经打样确定布面的设计效果后，通过计算确认进行成衣设计。如图4-80所示为毛衫坯样，如图4-81所示为由纱线到坯样再到成衣的设计过程。

图4-77　毛衫的基本样式

图4-78　各种纱线

双色纱提花　　　　　混色纱

单色纱　　　　　马海毛混色纱

图4-79　纱线染色设计

图 4-80　不同工艺毛衫坯样

图 4-81　传统毛衫设计

### 三、毛衫的工艺设计

毛衫有三种工艺设计：一种为横机设计，将每个衣片织好，再通过套口工艺联结；一种是圆机设计，先织好坯布，再如机织一样的进行裁剪、缝制；还有一种则是圆机、横机、机织综合的工艺设计。

　　针法对于毛衫设计来说非常重要，是粗针还是细针、是计算机织花还是手工横机织法，直接影响毛衫的设计外观和成本。如图 4-82 所示的是细针和粗针针法的比较，如图 4-83 所示的是计算机花型的设计，用计算机设计的毛衫花型，制作成本相对较高。

细针 16 针　　　　　　　　　粗针 5 针

图 4-82　毛衫针法效果

图 4-83　计算机设计的花形效果

　　不同的组织结构会形成不同的设计感觉，一般针数越多，毛衫的密度越高，服装就越显得正规，夏天的毛衫一般以 16 针的居多；反之，针数越少，服装就越显粗犷。目前流行的毛衫，由于拉毛、喷色、粗针、印花、拉破、钉珠等工艺外观效果强烈，受到很多年轻人的喜爱，如图 4-84、图 4-85 所示。图 4-86 是不同毛衫款式的工艺设计。

图 4-84 毛衫的渐变、喷色工艺

印花工艺　　　　　　　钉珠工艺　　　　　　　套口工艺

拉破工艺　　　　　　　翻边工艺　　　　　　　拼接工艺

图 4-85 毛衫的印花、钉珠、套口等工艺

图 4-86　不同毛衫款式的工艺设计

## 四、廓型与细节设计

毛衫设计中廓型的变化不是很大，主要体现在领子、下摆以及针法的设计变化。领子有圆领、高领、半高领、半翻领、V领、翻领等变化。下摆有收口和不收口之分，如图4-87所示。袖子有长袖、短袖和无袖之分，如图4-88所示。毛衫的细节设计，可以通过不同的针法、花型和工艺来实现，如图4-89~图4-92所示。

图 4-87　毛衫廓型设计一

图 4-88　毛衫廓型设计二

图 4-89　毛衫的细节设计一

图 4-90　毛衫的细节设计二

图 4-91　毛衫的细节设计三

图 4-92　毛衫细节设计四

# 第七节　T 恤设计

　　T 恤是运动装家族的基本成员，它既可以是网球、足球、高尔夫等标准运动装，也可以是时装。最初的 T 恤是为第一次世界大战的士兵所设计的内衣，因其简单的 T 字形外轮廓而得名，在第二次世界大战时则成为很常见的工作服，现在是人们必不可少的一种休闲服装。

## 一、T 恤的基本样式

　　T 恤的款式最为简单，宽松的衣身，加两个袖子，因形如字母"T"而得名。T 恤有长袖、短袖、无袖以及圆领、V 字领、翻领、立领、连帽等设计，如图 4-93 所示。

## 二、T 恤的设计过程

　　T 恤和毛衫的设计有相似之处，都是先确定纱线，再进行染色、织布（或者织布之后再染色）。织布也是一种设计过程，有网眼、平针、斜纹、提花等变化，这些在设计的时候都会有所考虑。但是 T 恤布相对简单，是以圆机织法织成布样，呈圆筒状和直筒状，然后根据布样再进行成衣设计。制作成衣的步骤与机织布相似，裁剪成布片再进行制作，只是制作 T

图 4-93 T 恤的领子设计

恤有三针五线的专用设备，缝制与锁边一起完成。

### 三、T 恤的面料设计

　　T 恤在时装品牌中随处可见，如商务类、休闲类、运动类的品牌都有 T 恤设计。商务类的 T 恤面料塑形性较好，看上去挺括、有型，以高纱支或丝光棉的面料为主，如图 4-94 所示；休闲类的 T 恤面料以全棉为主，但面料的纱支较低，主要是成衣图案设计，如图 4-95 所示；运动类的 T 恤面料以棉为主，或者轻便的高科技面料也使用得比较多。

图 4-94 商务 T 恤

图 4-95　休闲 T 恤

### 四、廓型与设计特点

T 恤的廓型变化不是很大，大多呈"T"型。这几年受街头时尚的影响，流行的男性 T 恤非常宽松。另外，受中性化设计的影响，男性 T 恤的廓型设计合体，略收腰，如图4-96所示。

图 4-96　T 恤廓型设计

T 恤的设计特点根据品牌风格而定：有以分割、装饰设计为主的 T 恤设计，如图 4-97所示；有以面料及面料印染为主的 T 恤设计，如图 4-98 所示；有以钉珠为主的设计，如图 4-99所示；也有以波普、欧普艺术风格为图案的 T 恤设计，如图 4-100 所示。

图 4-97　以分割、装饰设计为主的 T 恤设计

图 4-98　以面料及面料印花为主的时尚 T 恤设计　　　图 4-99　以钉珠为主的时尚 T 恤设计

图 4-100　波普风格的图案运用

　　需要注意的是，在 T 恤的设计过程中，不能单纯考虑装饰性的设计而忽视了着装后的舒适性。如图 4-101 所示，外观的绣花设计增添了服装的美感和立体感，但是由于绣花是用金丝线绣成，里面的线头与皮肤摩擦产生了粗糙的触感，最后消费者因为着装后的不舒适而放弃了购买。

图4-101 满身绣花的T恤穿着不舒适

☞**思考题**

1. 男上装造型设计的主要部位有哪些？
2. 男裤造型设计的主要部位有哪些？

☞**课后作业**

男装单品设计。西服、衬衫、裤子、毛衫（或T恤）各10款；夹克、外套、裤子、T恤（或毛衫）各10款。

## 品牌化男装产品设计

**课程名称：**品牌化男装产品设计

**课程内容：**情报收集、产品企划、产品设计、订货会、产品管理

**课程时间：**12 课时

**训练目的：**让学生了解品牌化男装产品设计的流程、工作方法和产品设计、企划、管理等内容。

**教学方式：**多媒体授课，通过大量案例和图片进行教学，激发学生学习的积极性。

**教学要求：**1. 让学生了解情报收集的内容和方法。

2. 让学生了解产品企划在产品设计过程中所占据的重要地位，掌握产品企划、主题设计的方法。

3. 让学生了解产品设计中波段设计、系列设计、分类设计的方法，以及产品设计中样衣的制作、采购和评议。

4. 让学生了解订货会的形式和作用。

5. 让学生了解产品管理的内容和组成。

**课前准备：**准备品牌化男装产品开发的案例手册或男装设计项目文本。

# 第五章　品牌化男装产品设计

品牌化（Branding）是通过品牌运作的手段赋予产品和服务的一种品牌所具有的能力，是企业给自己的产品定义的商业名称，通常由文字、标记、符号、图案和颜色等要素或这些要素的组合构成，用作一个企业或企业集团的标志，以便同竞争者的产品相区别。品牌化的根本是创造差别使品牌与众不同，有助于扩大产品组合，进而树立企业形象，引导消费者一种生活方式和着装理念，使消费者认可品牌的同时加强对品牌的忠诚度。

品牌化男装产品设计由情报收集、产品企划、产品设计、订货会、产品管理五个方面组成，通过流程设计达到产品风格的统一，再通过店铺形象和终端卖场陈列手段的统一设计来传播品牌形象和品牌文化。

## 第一节　情报收集

不管是品牌化产品设计还是单品设计，情报收集对产品总体方向的策划十分关键，是一项非常有必要的工作，它能更好地定位目标消费者群体，了解他们的生活方式、消费理念、身材特征等，对下一步即将进行的产品开发定位、设计创新、价格定位、营销方式确定等一系列的工作起到指导作用。

### 一、市场调研

在每季开发新产品之前，产品设计师需要进行市场调研，分析数据或采购一些样款。

#### （一）现有市场调研

首先要调研商圈环境，包括周边商圈的特点、进入商圈人群的消费层次、商场的类型、市场销售方式等，从中分析出商圈环境的特点，了解消费群体的消费个性和对设计的期望，作为产品开发的参考。

其次是产品调研。调研当前哪些产品受到消费者的追捧，成为畅销产品，哪些产品成为滞销产品，并了解产生畅销和滞销的原因。另外，产品是否有特色也在调研范围内，如面料特色、款式特色、色彩特色等。在调研中会发现不同的消费群体对于时尚的理解也不一样，并非畅销的产品越时尚越好卖，而是要根据消费者的消费特点、消费水平、时尚程度不同有所区别。

调研可以采用问卷调研、市场直观调研或访问式的市场调研等。采用问卷进行市场调研时，问题要设置得正确合理，一般不宜超过 12 个，否则被调研者会产生厌烦的心理，令调研效果适得其反。

**（二）对目标客户消费群调研**

对目标客户消费群体的调研是品牌市场一项非常重要的工作。品牌，必须得到消费者的认可，在以消费者为核心的年代，要生产和引导消费者需要的产品，实现消费者的追求，需要围绕消费者为中心进行生产、服务。在品牌还没有足够魅力或者品牌刚刚起步时，需要通过寻找合适的目标消费群体，给品牌及产品定位。对于已经确定目标消费群体的品牌，则需要维护好品牌在目标客户群中的形象，及时了解市场的意见反馈和相关品牌的调研，以便跟上目标消费者的消费需求开发产品，提高竞争力。

因此，要对消费群体的年龄特点（服装设计中所指的年龄特点都是指心理年龄）、职业特点、生活方式、日常爱好、时尚倾向、美学素养、身材特点、消费层次、购买特点等进行调研。例如，宁波某品牌在做目标消费者调研、分析后，重塑目标消费群体，将目标消费群体从原来定位于20~25岁调整为26~35岁，有一定事业和经济基础、文化素养、追求品质和审美素养的雅文化消费群体。目标消费群体的变化，随着他们的形体和价值观发生变化：变化后的消费群体体型开始壮实，略有小肚子，注重品质感大于时尚度，追求内涵大于追求外观。因而需要在商品结构、商品色彩、卖场形象等方面同时改变，凸显品牌的雅致感，搭配上注重品质和时尚感，彰显这一群体的生活状态和情感满足，如图5-1、图5-2所示。

改变前服装形象　　　　　　　　　　　　　改变后服装形象

图5-1　改变前后服装形象比较

改变前店面形象         改变后店面形象

图 5-2　改变前后店面形象比较

### （三）对引领性品牌调研

引领性品牌是指国际奢侈品牌以及个性、原创性都非常强的设计师品牌。这些品牌每年都会有几次原创性强的发布会，发布会中的色彩、面料、廓型和细节会成为下一季产品的流行元素，可以作为品牌商品企划及后续开发的参考元素。

### （四）对竞争品牌调研

有道是"知己知彼，百战百胜"。对竞争品牌的调研就是了解相关竞争品牌的设计特色、价格、面料品质、服装结构、设计细节、产地、货品的上货时间等，然后在自己的品牌中注入与众不同的新鲜元素。

### （五）对面辅料市场调研

男装的设计款式变化不大，要满足消费者"喜新厌旧"的心态，很大程度上取决于色彩呈现出来的视觉质感相得益彰的面辅料变化。获得服装面辅料的渠道很多，主要的渠道有三种：一种是与面料供应商合作，共同开发下一季产品的面辅料，这些面辅料的版权只属于服装公司，在市场中找不到，这种方法被奢侈品牌和高端品牌采用；第二种是由面辅料供应商提供最新开发的面料新花样，设计师可以从中选择适合品牌的面辅料，或者在此基础上修改，面辅料供应商会在下一季服装开发前提供这些面辅料新花样，它们设计较新，大多在市场上找不到；第三种则是设计师直接到面辅料市场去寻找，在市场上找到的面辅料比较大众化。

## 二、信息收集

### (一) 社会信息

服装是一个国家、一个民族在一定社会时期政治、经济、文化、艺术、宗教等社会思潮和文化进步的反映。现代人追求自然、向往和平、以人为本的生活意识就要求在服装中体现人性化的特点，因此对社会中关于建筑、家具、戏曲、艺术等文化艺术形态和社会动态方面的信息要进行必要的收集。新生代的年轻人，从小看漫画书长大，他们有着自己的审美判断能力。漫画、二维世界、旅行、环保、养生、RAP、Hip-Hop这些年轻人喜欢的东西，正改变着传统的审美方式。

社会经济水平直接影响消费者的消费能力，在进行信息收集时，有必要对各个地方的经济水平进行调研。

### (二) 时尚信息

服装是时尚的产业，作为时尚产业的男装设计师要及时跟踪时尚信息。这些时尚信息可以通过国内外媒体对纱线、纺织、服装等最新动态的报道得知，也可以通过一些纺织服装类展览获得信息，如意大利每年6月的"佛罗伦萨男装展"、中国上海一年两次的"服装博览会"和"服装设计周"以及其他的一些面辅料展览。另外，时尚流行杂志、新闻媒体的相关报道等也是获得信息的渠道。这些时尚信息就是所谓的流行资讯，是影响创意产业发展的关键要素。例如，色彩、面料、纱线、廓型和图案等流行咨询，会影响下一季产品开发的服装样式。信息收集得越详细、越丰富，对设计的帮助就越大。

当然，对于时尚的信息我们需要一个敏锐的察觉度。例如，Louis Vitton与草间弥生，与Supreme的合作，都在一定程度上反映出艺术的跨界合作，传统与现代的碰撞，艺术的融合，当代艺术表现形式在服装时尚流行中的价值取向，街头风格影响了时尚审美，人们的穿着越来越休闲、越来越个性，也越趋舒适化。

## 三、数据分析

现代是大数据化时代，产品离不开数据的分析。在品牌运作中，大多品牌都有电子商务销售数据系统，能及时地将产品的销售情况进行反应。产品设计师通过直观的市场调研和数据分析，会对上一季品牌产品中的畅销款、滞销款的情况有所了解，并掌握购买这些款式的消费者的基本情况，然后对下一季产品进行开发。

从销售数据中可以看出，品牌中销售得好的款式往往是与其他品牌差距较大、既有设计点又有卖点的款式。

## 四、采购样款

很多品牌在产品开发之前会一边进行市场调研，一边采购样款，这些样款大多到欧洲、亚洲等地采购。为节省样款的成本，购买的样款风格尽量统一。有效的款式可以在下一季产品开发中被运用到，如新颖的面料、色彩或者有特色的款式和设计细节。

# 第二节　产品企划

现代经营理念中，营销的经营模式是以"消费者为中心"的战略模式，因而，在服装产品开发过程中，企划方案非常重要，它的决策对每个季节销售额的影响远远大于设计本身。做好产品企划能系统地规范贯穿设计、生产、陈列、营销的全过程。设计总监（小企业就是设计师）要根据所收集来的信息进行分析后，做好季节产品开发的时间规划和产品的设计企划。一般情况下，企划方案中有一个对该季产品开发的清晰的概念板，包括该季推出的设计主题、设计系列、服装廓型特征、面辅料的选择和定制、色彩和图案的倾向、服装种类比例、大概价格定位、开发数量（在设计师实际操作中，开发数量要比这个数量多出 2~3 倍，以备淘汰）等，设计师通过企划方案向主管领导和销售主管进行展示和说明，共同研讨、协商和审定下一季产品的开发。这项工作至少要在下一季产品投放的八个月前确定。对于一些快时尚的品牌而言，产品企划的时间周期会根据品牌情况缩短。为快速、敏捷地捕捉市场信息，将当季产品的 30% 左右款式及时予以调整。这里需要特别强调一点的是，为了减少服装的库存，设计生产出市场准确率高的产品，很多企业会预留 10%~30% 左右的产品在订货之后进行补充。当然这也取决于现如今的印染行业的进步，我们可以迅速在白坯布上印花。

## 一、时间规划

服装产品是一个时效性很强的产品，需要制订一个详细的时间规划，保证产品上架的时间，见表 5-1。

表 5-1　某公司 2007 年秋季产品开发时间规划表

| 时间 | 内容 | 参加部门 | 备注 |
|---|---|---|---|
| 9 月 20 日~10 月 10 日 | 市场调研、信息收集等 | 设计部门 | 要与销售部门、企划部门进行沟通 |
| 10 月 11~20 日 | 制订秋冬设计企划方案 | 设计部 | |
| 10 月 21 日 | 秋冬设计企划方案品议 | 设计部、企划部、运营部、形象推广部 | 设计部门要参考讨论方案的最终结果 |
| 10 月 22~30 日 | 秋冬设计企划方案修改，同时已经确定大方向的面辅料，可以调整小样或者大样，出款式稿 | 设计部 | |
| 10 月 31 日 | 秋冬设计企划方案最后定稿 | 设计部、企划部、运营部、形象推广部 | 有些品牌形象推广部应及时跟进，同时展开终端形象的企划设计 |

| 时间 | 内容 | 参加部门 | 备注 |
|---|---|---|---|
| 11月1~30日 | 出款式稿，调（开发）面料、辅料，生产样衣 | 设计部门 | 同时到供应商处挑样衣修改 |
| 12月1日 | 第一批风格样衣品议 | 设计部、企划部、运营部、形象推广部 | 设计部与形象推广部沟通，形象推广部将样衣适当搭配 |
| 12月2日~1月9日 | 设计、出款式稿，生产样衣，同时到供应商处挑样衣修改 | 设计部门 | |
| 1月10日 | 第二批风格样衣品议 | 设计部、企划部、运营部、形象推广部 | 设计部与形象推广部沟通，形象推广部将样衣适当搭配 |
| 1月11日~2月5日 | 设计、生产样衣，找供应商挑选样衣，修改 | 设计部 | 此阶段以找各供应商看样衣进行修改为主 |
| 2月6~9日 | 回拢样衣，布置订货现场的相关工作，服装陈列出样 | 设计部、形象推广部、企划部 | 设计部与形象推广部沟通，由形象推广部门布置订货会的货品搭配 |
| 2月10~12日 | 订货会 | 公司各部门 | 运营部、形象推广部、设计部等部门共同配合，这是公司品牌操作过程中最重要的环节 |
| 2月13~16日 | 订单整理 | 商品计划部 | |
| 2月17~25日 | 订购面辅料、下生产计划，签订合同 | 商品计划部、生产部 | 设计部开展下一季产品的调研 |
| 2月26日~6月20日 | 秋冬季产品生产大货、理单、跟单，秋季产品要生产完毕、进仓，同时拍摄这一季的宣传大片或样品册 | 商品计划部、生产部 | 此阶段形象推广部拍摄当季形象大片和宣传手册，做当季陈列规划和手册 |
| 6月21日~7月10日 | 下发各卖店货品整理、第一波段货品物流派送 | 商品计划部、生产部、营销部 | |
| 7月11~25日 | 第一波段秋季货品上架 | 形象推广部、营运部、物流部 | 形象推广部做好新品陈列和日常店铺维护工作，对店务人员进行新货品培训，之前要将冬季货品全部进仓。设计部设计下一季节的产品时，跟踪当季货品的销售与分析 |
| 8月1~15日 | 第二波段秋季货品上架 | 形象推广部、运营部、物流部 | |
| 9月15~30日 | 第一波段冬季货品上架 | 形象推广部、运营部、物流部 | |

续表

| 时间 | 内容 | 参加部门 | 备注 |
|---|---|---|---|
| 10月10~25日 | 第二波段冬季货品上架 | 形象推广部、运营部、物流部 | |
| 11月1~15日 | 第三波段冬季货品上架 | 形象推广部、运营部、物流部 | |

## 二、当季产品设计企划

### （一）季度概念板主题设计

季度概念板主题设计是在充分的市场调研、流行趋势等情报收集及分析的基础上进行的。季度概念板主题设计要突出当季要主推的设计概念，以基调板图片或者效果图的形式，将季度要推出的主题设计概念、关键色彩、板型特点、设计细节、面料特点等产品的关键元素，做成企划方案。

概念板有一个大的主题，在大的主题下还会有3~4个分主题。大主题经常会围绕一个故事、流行趋势或者生活方式向大家阐述下一季的流行主题和设计方向，概念板设计中包含设计的主题名称、关键词、色彩色调、设计说明，如图5-3~图5-6所示。

设计关键词：碰撞；复古；简约

设计说明：这一季以哥本哈根的城市文化展开的设计。对20世纪50年代的服装的回顾，将城市的文化通过现代元素表现出来。采用复古的抽象和具象的面料图案，对撞的色彩配色，简约的款式造型，有肌理和质感的面料来实现整个系列的设计

图5-3　2015秋冬某品牌概念板主题设计——律动（设计：张剑峰）

设计关键词：对极；时空；音律

设计说明：当世界被抽空为黑白的时候，是对世界发自感官的无限遐想。本系列在复古的潮流涌现下，再现
　　　　　复古的黑白抽象格子、条纹以及不规则的图案，通过编织手段和印花体现面料的感官效果。款
　　　　　式造型简约。色彩在黑白中略点缀黄色，让人感觉似乎有一种能量悄悄注入

图 5-4　2015 秋冬某品牌律动概念设计主题——黑白世界（设计：张剑峰）

设计关键词：闲适；碰撞；复古

设计说明：在哥本哈根海上坐在游轮里悠闲地观看着美景。该主题通过条纹、文字、马赛克以及渐变的
　　　　　图案，通过亮丽的色彩对比，用粗针的毛线、厚实的粗花呢形成的复古的质感，使人处于一
　　　　　种祥和的轻松愉悦的美好时光

图 5-5　2015 秋冬某品牌律动概念设计主题——闲暇时光（设计：张剑峰）

设计关键词：艺术；古老的手工艺；街头文化

设计说明： 古老的哥本哈根有着悠久的文化，散步在街头如沐浴在艺术的殿堂。在机器化、现代工业的环境
中，人们更钟情于古老手工艺以及艺术的美好情感之中。本系列通过艺术和手工艺的结合，浓郁
且复古的色彩，印花或多工艺结合的面料，略带装饰性的款式造型，使服装有种回归艺术、回归
传统时代的感觉

图 5-6　2015 秋冬某品牌律动概念主题——回归艺术（设计：张剑峰）

## （二）款式、面辅料企划

每一季产品的设计并不是全部否定上一季的产品样式，而是在上一季产品开发的基础上，再开发设计符合新一季消费需要的服装产品。一般而言，新一季产品开发中，有 10%~20% 的产品是上一季产品样式的延续，50%~60% 的产品是品牌风格延续的设计，另外 10%~20% 的产品才是对品牌创造性市场的产品开发。

### 1. 款式企划

款式企划要考虑款式的基本造型。在店铺数量不多的情况下，货品不是很多，要根据品牌定位的消费群体定出下一季流行的基本款式。

在进行款式数量企划时，要考虑店铺数量、面积等因素，然后再来定设计量。实际设计量为计划设计量的 1.5~2 倍。

表 5-2 是某公司 2007~2008 年秋冬季款式数量比例。这家公司在全国有 15 家店，以南方地区为主。开发的总款量为 60~70 款，单件色为 120 件左右。秋季与冬季货品的数量比例为 35∶65，针织产品与机织产品的数量比例为 35∶65。

表 5-2 某公司 2007~2008 秋冬季产品款式数量比例

| 品类 | 数量百分比（%） | 款量（件） | 品种百分比（%） | 总品种量（件） | 面料企划 |
|---|---|---|---|---|---|
| 正装套西服 | 3 | 2 | 4 | 4 | 100%高纱支羊毛面料 |
| 正装单上衣 | 3 | 2 | 4 | 4 | 5%羊绒、15%羊毛或毛混纺、80%棉 |
| 大衣或风衣 | 5 | 3 | 3 | 3 | 10%羊绒、40%新颖面料、50%棉 |
| 衬衫 | 10 | 6 | 11 | 12 | 100%高纱支棉 |
| 夹克 | 12 | 7 | 13 | 14 | 50%棉、50%新颖面料 |
| 棉褛 | 12 | 7 | 13 | 14 | 50%棉、50%新颖面料 |
| 皮衣 | 5 | 3 | 3 | 3 | 100%羊皮 |
| 休闲裤 | 15 | 9 | 18 | 20 | 80%棉、15%牛仔、5%丝棉 |
| 长袖 T 恤 | 10 | 6 | 11 | 12 | 10%羊绒、15%羊毛、75%棉及新颖面料 |
| 针织毛衫 | 17 | 10 | 18 | 20 | 30%羊绒、70%羊毛 |
| 合计 | 100 | 59 | 100 | 112 | |

**2. 面辅料企划**

面辅料的企划要考虑面料的成分、组织结构、质地以及色彩等。有些高档的品牌选用的面料支数比较高，因此面料细腻、光泽感好。表 5-3 为某公司秋冬面料的企划。

表 5-3 某公司秋冬面料企划

| 品类 | 数量百分比（%） | 款量（件） | 品种百分比（%） | 总品种量（件） | 面料企划 |
|---|---|---|---|---|---|
| 正装套西服 | 4 | 2 | 4 | 4 | 100%高纱支羊毛面料 |
| 正装单上衣 | 4 | 2 | 4 | 4 | 5%羊绒、15%羊毛或毛混纺、80%棉 |
| 大衣或风衣 | 5 | 3 | 3 | 3 | 10%羊绒、40%新颖面料、50%棉 |
| 衬衫 | 11 | 6 | 11 | 12 | 100%高纱支棉 |
| 夹克 | 13 | 7 | 13 | 14 | 50%棉、50%新颖面料 |
| 棉褛 | 13 | 7 | 13 | 14 | 50%棉、50%新颖面料 |
| 皮衣 | 5 | 3 | 3 | 3 | 100%羊皮 |
| 休闲裤 | 16 | 9 | 19 | 20 | 80%棉、15%牛仔、5%丝棉 |
| 长袖 T 恤 | 11 | 6 | 11 | 12 | 10%羊绒、15%羊毛、75%棉及新颖面料 |
| 针织毛衫 | 18 | 10 | 19 | 20 | 30%羊绒、70%羊毛 |
| 合计 | 100 | 55 | 100 | 106 | |

# 第三节　产品设计

## 一、产品设计

设计主题确定好之后，要对产品款式展开设计。在进行产品设计时，要考虑波段产品设计、系列设计以及不同风格的分类设计。

### （一）波段设计

在产品设计开始之前，已经对该季的产品总数有了规划，在实际的产品设计中，波段产品的设计规划也非常重要。确定每一波段的产品设计数量、主推的产品系列、色系和实际数量，表5-4为某公司的产品波段设计。做好波段设计，是为了考虑产品在终端卖场的总体形象和服装的可搭配性，达到终端连带销售的便捷性，提高销售量，如图5-7~图5-14所示。

表5-4　某公司产品波段设计　　　　　　单位：件

| 品类 | 第一波段 | 第二波段 | 第三波段 | 合计 |
|---|---|---|---|---|
| 西装 | 1 | 2 | 1 | 4 |
| 西裤 | 1 | 2 | 0 | 3 |
| 皮衣 | 2 | 4 | 2 | 8 |
| 毛衫 | 12 | 9 | 2 | 23 |
| 风衣 | 3 | 1 | 0 | 4 |
| 大衣、外套 | 1 | 4 | 3 | 8 |
| 夹克 | 6 | 4 | 0 | 10 |
| 棉背心 | 2 | 2 | 0 | 4 |
| 棉褛 | 6 | 4 | 8 | 18 |
| 休闲裤 | 6 | 4 | 0 | 10 |
| 牛仔裤 | 5 | 5 | 0 | 10 |
| 衬衫 | 6 | 4 | 0 | 10 |
| T恤 | 8 | 4 | 0 | 12 |
| 合计 | 59 | 49 | 16 | 124 |

第一波段：中秋一

上货时间：10 月 5~10 日

主推款式：夹克、风衣、
毛衫、T恤、
休闲裤、牛仔裤

主推色系：

图 5-7 第一波段产品设计一

KnJ0009
KnD0001

Knk0005
KnM0003
Knt0002

KnJ0006
KnN0012
KnB0008

KnH0003
KnM0003
KnL0008

KnJ0002
KnM0003
KnB0008

KnJ0007
KnN0012
KnB0009

KnE0005
KnD0001
Knl0011

KnE0001
KnN0004
Knl0012

KnL0006
KnM0007
Knl0011

图 5-8　第一波段产品设计二

KnL0004
KnM0010
Knl0001

KnB0009
KnN0001

KnC0004
KnM0003
KnB0008

KnJ0004
KnM0003
KnA0004

KnL0005
KnM0010
KnB0008

KnK0003
KnM0007
KnA0004

KnK0004
KnM0010
KnA0006

KnE0002
KnM0009

图 5-9 第一波段产品设计三

第二波段：中秋二

上货时间：10 月 20~25 日

主推款式：大衣、外套、
毛衫、轻薄棉楼

主推色系：

图 5-10　第二波段产品设计一

图5-11 第二波段产品设计二

图 5-12　第二波段产品设计三

第三波段：冬一

上货时间：11 月 5~10 日

主推款式：皮大衣、羽绒服、
厚毛衫、厚棉袄

主推色系：

图 5-13　第三波段产品设计一

KnK0008
KnN0001
KnB0002

KnF0002
KnD0003
Knl0007

KnK0006
KnB0001
KnN0001

KnE0007
KnD0003
KnB0005

KnK0009
KnN0006
Knl0006

KnF0001
KnN0001
KnB0001

KnK0002
KnM0001
KnB0005

KnG0003
KnN0001
KnB0005

KnC0002
KnM0006
Knl0005

KnE0004
KnN0002
Knl0006

图 5-14 第三波段产品设计二

#### （二）产品系列设计

产品系列设计指设计和生产系列感服装、配饰或者产品。这一系列的单品是围绕主题设计展开，其灵感来源可以是流行趋势、生活方式或者反映文化和社会影响的设计导向等，也可以是采购到的样衣的拓展设计，它们都是为下一季节或特定场合而进行的系列设计。这里要强调的是，灵感往往是稍纵即逝的东西，所以设计师要随时将设计的灵感以照片、速写、文字等形式记录下来，以便在今后的设计中派上用场。

产品系列设计的基础是调研，调研的时候要考虑服装的廓型、细节进行，都与流行有关，另一方面与目标消费群体的体型有关。然后进行拓展设计，调研和拓展设计是相互影响的。系列设计主要通过款式造型、色彩、面料图案或工艺来体现，这三者设计的侧重点不同。

首先来说产品的系列设计，如图5-15~图5-18所示，用蓝色系、米色系、绿色系、灰色系进行系列设计。

图5-15　品牌色系设计一

图5-16　品牌色系设计二

图 5-17　品牌色系设计三

图 5-18　品牌色系设计四

　　以款式造型展开的系列设计是通过不同的外观造型以及面料形成不同的服装感官，如图 5-19 所示。例如，以外套的款式拓展的产品系列设计，是采用不同的面料或面料的拼接，以及不同的工艺手法，使服装形成不同的视觉效果，如图 5-20 所示。也可以以一件两粒扣、中长的基本风衣款式展开进行系列设计，如图5-21所示。另外，还可以以一个图案元素展开进行系列设计，如图5-22所示。

图5-19　产品款式造型的系列设计

图5-20　外套款式拓展的产品系列设计

图 5-21　以风衣为基本型展开的产品系列设计

图 5-22　以一个图案元素展开的系列设计

　　在进行色彩设计时，比较便捷的方法是将衬衫和针织面料中的色彩提取出来确定为基本色系，然后在这些色系里确定适合服装的颜色，最后通过确定的色系将产品有序地组合起来，如图5-23所示。在进行产品设计时，还要考虑色彩运用与主题的协调性，每件款式色彩与其他款式色彩的可搭配性，如图 5-24、图 5-25 是某品牌的两组用色，前者给人自然、舒适的感觉，后者则给人亲近、活跃、生动的感觉。

图 5-23 同一色系的产品系列设计

图 5-24 产品色彩与主题设计的协调用色一

以对面料进行系列设计的展开。通过面料再造，获得与众不同的面料外观效果，如面料的图案设计、面料的打洞、不同面料的拼接等，可以是不同面料的运用或者是三者结合在一起的服装系列设计。另外，也可以通过饰品、上下装的组合形成一种生活方式的系列设计，如图 5-26 所示。

图 5-25　产品色彩与主题设计的协调用色二

图 5-26　产品系列配套设计

在进行产品系列设计时，参与设计的设计师要进行有效的分工与合作，以获得尽量多的有效款式，不然每个设计师都有自己的设计手法和喜好，如果没有设计总监的调整和适时监控，会使设计的产品整体风格一致性受到影响。

**（三）产品分类设计**

**1. 商务风格产品设计**

（1）关键词：职业兼休闲、商务、传统、经典，如图 5-27~图 5-31 所示。

图 5-27　商务服装的款式特点

图 5-28　商务服装的 T 恤设计特点

图 5-29　商务服装的饰品特点一

图 5-30　商务服装的饰品特点二

图 5-31　商务服装休闲款式设计特点

（2）款式设计要点：款式造型简洁，轮廓感较强，如图 5-32 所示。正装西服、正装衬衫、正装领带为一组产品的设计，休闲西服（单件西服）、休闲裤子以及毛衫、T 恤、休闲衬衫为一组产品的设计。另外，夹克、休闲裤子、T 恤也为一组产品的设计。根据风格不同，各品牌主打的产品也不同：有些以第一组的正装产品为主，如意大利品牌康纳利（Canali）、中国品牌蓝豹（Lampo）等；有些是以第二组的休闲西服为主，很多商务休闲品牌都采用这类产品；有些则以第三组的夹克系列为主，如 Verri 品牌。

图 5-32　商务风格的服装设计特点

（3）色彩设计要点：在商务品牌的色彩设计中，产品用色清晰、干净。采用单色的比较多，有时也用些流行色。

（4）面料设计要点：主要使用精纺毛料、羊绒面料、100% 羊毛、羊毛与羊绒混纺、100% 棉等天然纤维的面料或高科技新面料。当然，根据品牌市场定位的不同，所采用的面料价位也会有所不同。越是高档的品牌所采用的面料越是高档，同样是棉、毛面料，采用的是高纱支的棉、毛面料，面料细腻、光滑有弹性。

（5）装饰设计要点：采用数字、拼接、嵌条装饰较多。

（6）饰品设计要点：主要包括领带、正装皮带、装饰袖扣、香水、内衣、内裤、眼镜等饰品。

**2. 休闲风格产品设计**

（1）关键词：休闲、时尚、大众、年轻，如图 5-33 ~ 图 5-36 所示。

图 5-33　休闲服装款式设计特点一

图 5-34　休闲服装款式设计特点二

图 5-35　休闲服装款式设计特点三

图 5-36 休闲服装饰品设计特点

（2）款式设计要点：以 T 恤、休闲裤和夹克设计为主，如图 5-37 所示。近几年衬衫也很流行，并且以格子图案的衬衫面料为主。

图 5-37 休闲风格的服装设计

（3）色彩设计要点：休闲品牌的用色要视品牌而定，有些品牌采用灰色、中性色彩，如著名男装品牌万宝路（Marlboro）。大多数休闲品牌男装常用的色彩，包括深蓝色、黑色、白色等，有时再加上点流行色。

（4）面料设计要点：面料以棉、麻、粗纺毛料为主，有时也会使用一些化纤的面料。

（5）装饰设计要点：以图案装饰为主。根据不同的风格特色，不同品牌在图案的选择上也会有所不同。有些品牌会以波普的艺术图案为主，但大多的休闲品牌以几何图案、抽象图案为主。

（6）饰品设计要点：主要包括休闲皮带、鞋子、包、围巾、眼镜等饰品，目前很多休闲品牌也开发一些内衣、内裤。

**3. 运动风格产品设计**

（1）关键词：运动鞋、运动、舒适、功能，如图 5-38~图 5-40 所示。

图 5-38　运动品牌的特点一

图 5-39　运动品牌的特点二

（2）款式设计要点：运动装需款式简洁、穿着舒适。运动风格服装的功能性摆在第一位，因此在进行款式设计时，服装的舒适性、安全性考虑得会比较多。在细节设计中，会采用一些调节扣、弹力绳、搭扣等，能起到调节的功能，使穿着者获得最舒适的状态。设计中还会运用一些分割、镶拼的设计方法，加强服装的动感，如图 5-41 所示。

图 5-40　运动品牌的特点三

（3）色彩设计要点：运动装的色彩会采用一些男装的基本色彩，如黑色、蓝色、白色等；另外，还需要考虑流行色的使用。总的来说，运动装的色彩要清晰、鲜艳、明快。

（4）面料设计要点：由于运动的种类繁多，运动特点各不相同，所以对应的运动装的面料性能、外观和手感也会有所不同。在选择面料时，要考

图 5-41　运动风格的服装设计

虑面料性能与运动装的关系，选择适合的面料。这里的运动装是指以大众健身为主的运动装，以舒适、柔软的棉或者轻便的高科技面料为主。

（5）装饰设计要点：采用数字、拼接、嵌条、调节扣、弹力绳、搭扣以及拉链等装饰较多。

（6）饰品设计要点：鞋子是运动品牌最常见、最主要的饰品，其他的饰品，如吸汗性好的运动袜、运动休闲包等，也是常见的饰品。

**（四）产品设计的表达方式**

产品设计可以是效果图形式，也可以是平面效果图形式。不管是哪一种，最后都需要通过平面图进行设计意图的表达。不仅要设计服装正面，也要设计服装背面，还需要设计内部结构工艺。一些特殊的工艺手段要标注明确，以便下一道工序的人员能一目了然。设计稿旁边需贴附相应的面料小样，这也是画平面图的原因，这样面料、肌理、色彩、质感都很清楚，特殊的辅料要贴上去或加以特别说明。当然在设计的展开过程中，除了对款式、色彩、面料进行设计外，纽扣、商标、拉链等一些辅料、装饰品也要进行设计，以表现鲜明的品牌个性，

如图 5-42~图 5-44 所示。

图 5-42　平面设计稿（设计者：翁丽娜）

图 5-43　产品设计稿

肩襻长14cm，周围缉0.1cm线，金属纽扣

领子是翻领，领高为4.5cm，领座宽为2.5cm，领围缉两条明线0.1cm

175/94A（单位:cm）
衣长：70
肩宽：47
胸围：114
腰围：108
下摆：110
袖长：65

可卸下的功能，拉链两边分别缉0.1cm，纽扣纵向8cm，横向4.5cm

图 5-44　设计与成品（设计者：潘虹亚）

## 二、选购面辅料

选购面辅料一般先挑选面料小样，然后将面料小样进行对比后根据款式和本季的设计主题综合起来确定要采购的面料大样。在采购时为节省成本，一般面料大样先挑一个颜色的面料 3~5m，比常规做一件服装的用料量会多采购一些，面料余量是考虑修改样衣使用。其他的颜色等样衣基本确认后再采购。

## 三、设计样衣

### （一）制作样衣

根据确定的设计稿制作样衣。设计师要跟打板师很好地沟通设计意图，以便打板师能制作出符合设计师意图的样板来，样板打好后则由样衣制作工来制作样衣。有时，样板也可以从原有成熟的板型中进行挑选，只要在此基础上进行改板就可以。这种板型比打板师重新打一个板更有效果。作者在为企业设计时，就经常挑选一些外贸板使用，因为这些外贸板板型成熟性好，如西装板合身，袖形漂亮，符合当下款式造型，只是外贸板的身高和袖长与国内不同，因此，只要在此基础上修改下袖长、衣长以及调整适当的比例就可以。制作样衣不仅能看出设计的服装实物效果，而且还能进一步掌握面料的拉伸程度、缩水状况等性能。例如，用针织花呢制作的休闲西服，一般成品的肩部会比打板的肩部宽，这是由于面料的不稳定性造成的。因此，在制作样衣时，要计算不稳定率，以便在工业化批量生产中控制成品质量。

### （二）修改样衣

样衣做好之后，安排模特试穿，设计师、打板师和工艺师会一起对样衣进行讨论。有些大型企业有专职的试衣模特，小型企业则是由人台模特来代替。设计师从服装的设计和板型入手分析服装，从面料与款式是否协调、辅料的搭配是否协调、服装的机能性如何、板型是否美观等多方面来考虑，一旦有问题就要立刻进行修改。

在选择试衣模特的时候，要考虑模特的身高和比例，因为这些信息对制板来说非常重要。一旦决定将产品投放市场，就需要对服装号型有所调整，包括改变长度、比例等，主要是为了适合目标消费群体的身高比例。

### （三）确定样衣

一旦确定样衣，就要开始进行多色样衣的制作，也就是一款服装进行多种颜色的制作。有时其他几个颜色待大批量生产时才会有，在订货会中只提供面料小样，但最好是做出其他几个颜色的服装实物，以便能更直观地呈现出服装效果。

### （四）采购样衣

一个品牌在实际运营中，会涉及不同种类的服装，如西服、夹克、毛衫、裤子、衬衫等，很多服装企业并非在生产工艺上面面俱到，除自己所拥有的生产工艺外，往往前阶段以采购或借用的方式获得其他服装样衣来充实产品的开发，后阶段在实际生产中采用贴牌加工的方式。贴牌指由其他厂家生产贴上自己的商标后成为自己的产品，此类操作方式称为贴牌。采购样衣与设计的展开同步进行，因为会结合品牌对采购的样衣进行一定的修改和再设计。

### 四、阶段产品设计评议

产品开发过程中，会产生对原有产品的设计思路进行调整的阶段，这就会延长产品的开发时间。因此，为了保证产品系列开发时间的有效管理，每个阶段都必须进行产品评议，及时应对产品开发过程中的系列调整。在阶段性产品设计评议时，不仅要对单品样衣的用料、色彩、板型、款式进行品评，还需要考虑设计的系列性、可搭配性，以便终端卖场的连带销售。

为了让设计在最后阶段能切实符合品牌的特点，保证设计开发的有效性，一般情况下，每个月或者产品开发阶段，公司的销售部门、企划部门以及其他相关部门会对设计产品进行阶段性的评议，协助设计师把握产品开发的大方向，随时吸收各部门对产品开发的建议。

# 第四节　订货会

订货会是公司的一件大事，需要公司各个部门的配合。在订货会前期，设计部门已经将订货会的产品开发完毕，并且与商品企划部、形象推广部、营运部进行沟通。

### 一、订货会前准备

根据企划方案中排定的日期要准时开发齐全，然后准备订货会。订货会至少要在下一季产品投放市场前四个月进行。订货会根据企业产品风格分四季或两季召开。四季的订货会分成春、夏、秋、冬四次召开，对于一些年轻品牌或者男女装都做的休闲品牌、运动品牌往往一年召开四次的订货会；两季的订货会分春夏季和秋冬季召开，一般商务品牌的男装采用两季订货会的较多。

　　订货会不是一个部门的事情，是公司的大事。因此，各个部门要从各个方面做好订货会前准备。设计部将开发以及采购的样衣在订货会前全部汇拢到公司，以作订货会实物订货所用。并且在订货会之前，将产品按波段、数量、产品结构等内容给到商品企划部，由商品企划部制作成产品订货手册，在订货会期间分发给订货人员，以做参考。同时设计部将本季度的设计理念、主题、系列等与形象推广部沟通，使形象设计部在布置订货会时能很好地体现服装的设计理念，将产品的设计理念传递给代理商、直营商。形象推广部根据企业要求结合设计产品的特点做好产品陈列展示。产品陈列展示可以是动态、静态或者动静态相结合的方式进行。现在很多大的品牌公司为了更好展示产品，采用动态与静态相结合的方式进行订货。相对来说，动态的成本很高。因此，形象推广部一方面要在订货会前组织好动态秀的工作，如找模特公司、落实场地、设计秀场等，还要做好静态展示的陈列出样，搭配服装等。现在很多企业非常重视终端形象，因此，在订货会期间就已经按卖场形式展示产品的搭配，系列感陈列，正挂陈列以及侧挂陈列，通过视觉空间和陈列的沟通方式对订货商也是一种订货引导。营运部将在订货会前邀请直营商、代理商、店长代表、商场代表等人员参加订货会。

## 二、召开订货会

　　订货会是公司一年中全体员工最为重要的一件大事。在订货会期间，营运总监、商品企划总监以及设计总监会向全体参加订货的人员作报告，分析上一年度的产品销售情况以及本季产品开发的重点。

　　营运总监在报告中的着重点是公司营销的模式，本年度招商情况，年度店铺拓展情况，在营销上的投入，上一季产品销售的重点，畅销款式以及本季产品重点款式推荐，订货优势和策略等进行说明。

　　商品企划总监在报告中的着重点是对上一季产品的订货情况，店铺陈列、订货品类、结构对销售的影响，近几年的产销对比，物流计划，产品宽度和深度，每月的气候特点与重点推荐销售的款式，款式数量与月份的款数比例和货物金额建议，上一季畅销款分析等进行分析。然后对本季度的款式数量与款数结构，重点搭配的建议，产品波段上货计划和主推款式等进行详细的说明。

　　设计总监在报告中主要阐述本季产品的设计理念和设计点等。

　　然后是订货会动态展示，让订货人员能直观地了解本季产品设计的总体效果和形象特点。

　　静态展示订货才是本次订货会中的关键点。商品企划部把相关的订货信息通过电子信息滚动播放，还将产品订货手册和上货波段贴在展示板上，让订货人员能清楚明了本季产品特点。订货会产品现场则是形象推广部将产品的系列特点，搭配特点，重点款式进行说明，有利于大家直观地订货。需要说明的是，不管是动态还是静态展示，都不允许拍照。

例如，某一家企业在 2012 年春季的订货会中，采用了动态和静态的产品订货会。动态展示中，品牌的执行总监、销售推广总监、设计总监就企业的销售状况、该季产品的推广力度以及设计创意主题从不同的角度向各直营店经理、代理商等订货人员做介绍，使他们对该季产品有个总体的认识。然后再进行为期三天的静态订货会。在静态订货会中，为做好产品开发的保密性，所有来宾人员的包、手机、照相机、U 盘等都不能带入场，出来时也不能带任何东西如订货手册等离开。

在静态会场的布展中，准备了订货用的产品手册、分区域进行主题产品搭配布置、订货洽谈区、培训咨询区、订货区、餐饮区等。产品手册中包含了产品波段物流日期、波段上货日期、产品结构、产品数量、产品波段搭配，以及详细的货号。对于订货商来说，哪些为规定的必选款，这一季中产品每个波段、每个单品，以及总量都有详细的说明。分主题的产品搭配，有利于订货商从产品系列化的角度进行订货，有利于在终端卖场中产品形象的整体性。分主题产品搭配现场，有公司的员工为订货商讲解公司的产品，并为订货商订货做单品分析，从质量、价格、适合年龄、规格等方面介绍。订货商看中一件合适的服装就在产品手册中直接打个钩。

由于该品牌市场很大，有 1000 多家的直营店和代理商，因而在订货会的现场分两个订货区域。根据店面的大小来划分，经营面积在 150 平方米以上的为一个订货区域，150 平方米以下的在另一个订货区域。两者间的产品也会有所不同，经营面积在 150 平方米以上的货品相对要多些。并且在这个会场的布置中，有大型的产品结构海报，在十几个滚动的电子视频，一直滚动播出产品结构、价格、产品数量。里面再分七个区域进行订货。每个订货区域在产品上都明确标有产品的波段，让订货商一目了然货品的情况。

订货商也会相互间进行讨论，根据自身的销售经验，认为哪些款式会在下一季中比较好卖，哪些款式比较适合当地的销售，会受到消费者的喜爱等。需要强调一点的是，订货一定要结合区域卖场销售对象以及消费者情况进行系列化组合订货，以便在终端卖场整体性形象推广的保证，和搭配销售。

### 三、确定投产的产品及数量

根据订货会的情况，订数少的服装就会被淘汰。也有极个别款式订数虽少，但设计师或企业领导认为有可能会在下一季很好销售，于是试探性地进行少量生产。值得注意的是，订货商只是有经验的销售经理或店长，并不能完全代表消费者或市场的动向。

投产的产品需要考虑产品的广度和深度。产品的广度在产品设计开发过程中就已经有所考虑，会根据店铺数量、面积来考虑产品的总体开发广度，也就是产品的设计量。产品的深度指每个产品计划生产的数量和号型比例的分配，要从产品的款式、色彩、面料考虑，还要判断是时尚款还是基本款。表 5-5 所示为某公司秋季休闲西服产品的订量及号型配比，该公司在全国有 15 家店，基本都是在南方地区，属于商务休闲品牌，目标消费群体是以中档的白领消费群体为主。

表 5-5 产品深度的案例分析

| 休闲西服 | JA | | | JB | JC |
|---|---|---|---|---|---|
| | 藏青色 | 浅米色 | 咖绿色 | 铁锈红色 | 黑色 |
| 款型描述 | 两粒扣，平驳领，贴袋，合体休闲西服，后无摆衩，面料为全棉斜纹面料，成衣水洗 | | | 两粒扣，平驳领，双嵌线袋，合体西服，成衣水洗，面料为肌理感较好的全棉面料 | 一粒扣，戗驳领，短款，袖偏长，修身西服，有光泽的时尚面料 |
| 订量（件） | 150 | 100 | 120 | 180 | 100 |
| 号型 | S、M、L、XL、XXL | S、M、L、XL、XXL | S、M、L、XL、XXL | S、M、L、XL、XXL | S、M、L、XL、XXL |
| 配比 | 20：50：50：20：10 | 16：32：32：14：6 | 16：40：40：16：8 | 30：60：54：24：12 | 28：32：26：14 |
| 属性 | 基本商务系列 | | | 基本商务系列 | 时尚系列 |

# 第五节 产品管理

## 一、产品设计档案管理

### （一）设计管理

产品最终要推向市场实现其经济价值，这主要是通过销售来实现的。当产品被投放市场后，设计师应对各个销售点进行指导，包括服装的搭配、橱窗服装的设计、服装的摆放等方面，也要及时调查市场，反映和了解销售情况，根据综合反馈的信息改进产品设计并进行新的设计构思。

服装设计是设计师一个人的知识结晶，但从设计到成品、又从成品到商品时，这就是集体的成果。设计开发、面辅料采购、样衣制作、批量生产、投放市场销售等各个环节的顺利展开少不了各个岗位工作人员的共同努力。

### （二）成本管理

成本管理在产品开发中非常重要。产品的成本主要包括面辅料等直接成本、生产加工的劳动力等间接成本以及管理成本三部分。为了节省成本，在服装样衣完成后，可以使用替代的面辅料，或者将生产放到发展中国家，这些国家的劳动成本相对较低。

## 二、生产管理

投产的产品和数量一旦确定，就要进行实质性的产品生产阶段。

（1）制作工业样板：根据样衣板制作工业板，然后进行推板。

（2）订购面辅料：根据订货数量向面辅料商订购面辅料。

（3）排料：为减少浪费、降低成本，应仔细地画出最为合理的衣片排料图，现在这项工作大多在计算机上操作。

（4）制作批量生产规格：缝制时的要求、缝制方法、辅料及配件的使用方法，关于面料、色彩、对条对格的说明以及各种配色的生产量等都要在交付工厂生产前详细地写在成衣规格或生产文件中，有时连整烫要求也要明确注明。

（5）检验原材料：在裁剪之前检查原材料是否存在疵点、脱丝及染色上的色差等问题，避免服装成为次品，造成质量问题。

（6）裁剪：根据排料图和裁剪说明对检验过的原材料进行裁剪。如果需要刺绣，裁成衣片后送往有关刺绣厂进行加工。

（7）缝制：根据缝制说明进行生产加工，这时商标和洗涤说明要一起缝上。

（8）整烫：缝制完成后先进行检验再整烫。

（9）检验：这是产品的最后检验，主要检查产品的缝合状况，明线缉得是否符合要求，扣眼锁得怎么样，扣子钉得如何，领子、袖子绱得如何，底边缲得如何以及是否符合尺寸要求等。

（10）验货进仓：主要检查是否存在次品，以及数量是否符合。

### 三、物流管理

只要涉及运输、储存、装卸、搬运、包装、流通加工、配送、信息处理等方面，都属于物流管理的范畴，主要包括面辅料的供应物流管理、生产物流管理、成品物流管理、销售物流管理以及外贸物流管理。有效的物流管理，可以解决库存服装，提高反应速度，降低物流成本。

服装具有典型的流行性和季节性。服装企业，特别是具有一定规模的服装企业，随着企业规模的继续扩大，经营方式和经营区域的不断扩充，专卖店、店中店、加盟商、批发商、分公司、办事处的数量越来越多，分布地域也越来越广。这就要求有效的物流管理，同时建立快速反应体系，让终端市场信息能够第一时间被反馈到总部的决策中心，以便物流管理部门及时了解市场销售信息，有效解决库存问题，增加销售额。快速反应时尚品牌Zara就是依靠强有力的物流管理和快速反应体系，帮助品牌创下巨额的利润。

## ☞ 思考题

请说说品牌化男装产品设计的流程？

## ☞ 课后作业

虚拟一个男装品牌，进行品牌化产品系列的设计，要求每一个品类包括五款不同的设计，可以搭配成不同的系列。

## 男装产品终端形象设计

**课程名称:** 男装产品终端形象设计

**课程内容:** 男装品牌终端形象案例分析、男装店铺形象构成、男装店铺视觉要素与陈列方式、男装陈列特点

**课程时间:** 6课时

**训练目的:** 让学生了解男装品牌的陈列方式和陈列技巧。

**教学方式:** 多媒体授课,通过大量案例和图片进行教学,激发学生学习的积极性。另外,通过卖场调研,让学生增强陈列能力。

**教学要求:** 1. 几个典型男装品牌的终端形象案例讲解。

2. 让学生了解男装店铺形象构成元素。

3. 让学生了解男装店铺的陈列要素。

4. 让学生了解男装陈列的特点和技巧。

**课前准备:** 联系店铺让学生实习并进行调研。

# 第六章　男装产品终端形象设计

## 第一节　男装品牌终端形象案例分析

### 一、案例1——Hermès

#### （一）品牌简介

Hermès是法国品牌，于1837年创立，创始人是Thierry Hermès。该品牌早年以制造马具起家，迄今已有580多年的历史。1951年起，Hermès推出了西装、鞋饰等产品。Hermès旗下共有十七种产品系列。

#### （二）品牌风格

Hermès推崇低调奢侈的服装风格，注重材料、色彩、质地的相融性，服装造型简约、大气，线条流畅优雅，做工讲究。

#### （三）品牌形象

优雅、简约、追求高品质而非炫耀、奢侈、尊贵，整个品牌从整体到细节都弥漫着浓郁的以马文化为中心的深厚底蕴。橙色是Hermès的代表色，每一季都会有橙色的产品出现，这是Hermès赋予品牌的精神。

#### （四）目标消费者特征

Hermès品牌的目标消费群是富有的成功男性，他们是一群气质优雅、不爱张扬、内敛含蓄、追求简约、有品位的成功男性。

#### （五）橱窗设计及卖场陈列形象设计

Hermès的橱窗设计就如它的服装设计风格一样，设计创意独特，色彩跳跃而不夸张，透出优雅深厚的文化特色。

卖场陈列形象自然、舒适，充满了文化艺术的气息，如图6-1、图6-2所示。同时，用情景展示加上音乐，烘托出一种艺术的氛围，传播品牌文化和品牌形象。

图6-1　Hermès橱窗设计一

图 6-2　Hermès 橱窗设计二

## 二、案例 2——Zegna

### （一）品牌简介

该品牌于 1910 年在意大利创立，创始人是杰尼亚先生。Zegna 目前是世界上最大的男装品牌之一。男装主要包括正装、商务休闲装、运动装三大类。该品牌主要针对时尚的、成功的精英男性设计。前几年推出二线品牌 Z Zegna，目标消费对象更为年轻、时尚。

### （二）品牌风格

Zegna 是高档的男装商务品牌，彰显都市男性的高贵之气，简洁又不严肃。Zegna 的服装以高品质面料和高品质工艺著称。

### （三）品牌形象

Zegna 的男装就如它的商标设计一样，没有太多的色彩，简洁、不浮夸。商标中采用统一的 Zegna 字体，加大的 Z 字介于字母与底色之间，特别醒目，商标底色有黑色、灰色和白色。多年来，该品牌以裁剪一流的传统正装著称于世。

### （四）目标消费者特征

Zegna 品牌的目标消费群体也是富有的成功男性。Zegna 男装的特点是带有时尚、高品质、成功商务的都市男性气质。

### （五）橱窗设计及卖场陈列形象设计

Zegna 的店面是服装的真实写照，简洁、不奢华。看似简洁却采用高品质的材料装修而成，点点滴滴可以看出 Zegna 品牌追求高品质的特征。深色的直线几何形勾画出店面框架，体现出男性的伟健与庄重，红色的地毯和黑色镶边的红色沙发又体现出庄重中的一份热情。

Zegna 卖场陈列设计传统与现代相融合，透着典雅的气质，彰显出品牌文化和内涵。材料和工艺考究，注重细节和灯光的照明作用。常将木板、真皮、金属嵌条等原始和现代的材料相结合使用，衬托出其传统、儒雅而不失现代感的品牌特征，如图 6-3、图 6-4 所示。

图 6-3　Zegna 橱窗陈列设计一

图 6-4　Zegna 橱窗陈列设计二

### 三、案例3——Zara

**（一）品牌简介**

1975 年，学徒出身的阿曼西奥·奥尔特加·高纳（Amancio Ortega Gaona）在西班牙西北部的偏远市镇开设了一个名为"Zara"的小服装店。如今，昔日名不见经传的 Zara 已经成长为全球时尚服饰的领先品牌，身影遍布全球 60 余个国家和地区，门店数已达 1000 余家，以直营店为主，用开放式的卖场给顾客提供了一个轻松的购物环境。

**（二）品牌风格**

模仿各种大牌服装设计衣服，是当季流行的款式，材料和剪裁没有大牌那么纯粹，但是价格很平民，很受追逐时尚、流行的中下层阶级及年轻人的欢迎。

**（三）品牌形象**

快时尚、流行、职业、街头。

**（四）目标消费者特征**

目标消费群体定位追赶时尚的大众消费者。

**（五）橱窗设计及卖场陈列形象设计**

根据季节和服装上市的信息，每个月都进行橱窗的设计变化。Zara 品牌有一流的卖场陈列设计，并且经常更换陈列的位置，以凸显其货品变化快、款式新的特点。Zara 的橱窗设计完全像一张海报设计，它有着强烈的视觉平面设计的构成元素，很有现代都市的情结。卖场品牌的标志醒目，常用金属框架、金属射灯和有机玻璃层板等现代材料衬托，道具设计简洁、统一，便于服装的移动陈列，适合不同品类的服装陈列，如图 6-5、图6-6所示。

图 6-5　Zara 的橱窗陈列设计　　　　　图 6-6　Zara 的卖场陈列设计

# 第二节 男装店铺形象构成

男装店铺形象是由店铺整体装修风格、色调、材质、道具、灯光、服装风格、音乐、气味、店员的仪态和制服等共同所营造的一种氛围。店铺整体装修风格会涉及室内设计风格，在此不作叙述。在如今"互联网+"时代，线上销售倍增，线下的店铺已转换成体验式、情感式的销售模式，以接近消费者的距离。

## 一、色调

色调是由光、色相、明度、纯度所构成的色调以及色彩中所运用的材质、货架的样式、服装风格等所营造的一种氛围。暗色调使人感到严肃、凝重、神秘而富有个性。采用此类色调的往往是一些富有个性的男装品牌，如 Armani、Prada；或者是以正装品牌及以正装为主的商务品牌，如 Zegna、Boss 等男装商务品牌的正装区域。中明色调让人感到平和、稳定、色彩丰富、较含蓄有力，这是商务休闲类或休闲类品牌经常采用的店铺色调。亮色调具有轻快、活跃的特点，这是运动类男装品牌采用较多的色调。近几年休闲风越演越烈，商务品牌的店铺色调以米色、浅灰色为主，营造出轻松、舒适的氛围，如图 6-7~图 6-10 所示。

图 6-7　色调一

图 6-8　色调二

图 6-9　色调三

图 6-10　色调四

## 二、空间与场景

空间与场景通过空间布局、材料、色彩、照明、顾客的购物路线，以及货品的陈列场景等经过科学的设计后，在宏观上给消费者第一印象，营造出一种视觉氛围。空间与场景的结构布局根据品牌货品的特点以及货品的应季性、流行性进行陈列空间的区域划分，形成特定的场景感受。如按品类的空间划分、按色系的空间划分、按系列主题的空间划分等。运动类品牌会有所不一样，因为大多数的运动类是以男装区、女装区、鞋子区进行空间划分的，如图 6-11 所示。

图 6-11　男装店铺的空间区域划分

色彩在空间划分里起到重要的作用。通过合理的使用色彩，在空间与场景的展示中起到了延伸空间、区分空间、平衡空间，并使空间增大的作用。一般情况下，明度低的陈列在卖场的后面，这样可以增加卖场空间的延伸感。通过色彩的视觉平衡，形成空间的稳定感和平衡性。

随着电子商务的兴起，实体店铺更重视体验式的购物环境。因此，对于男装品牌来说，休息区是一个非常重要的场所，不仅起到让顾客休息的场所，也是吸引消费者购物视线的场所。

### 三、货架与道具

货架与道具是展示品牌形象的重要元素。货架分衣柜式和吊挂式两种，衣柜式货架给人的感觉温馨，吊挂式的货架简约、现代。各个品牌为体现其卖场独特的创意和个性化陈列，在道具的材料、色彩、形状以及摆放的位置，结合品牌定位和产品特点，都经过巧妙的构思设计。国外的品牌由于有展示技术的支撑，在新材料、新工艺的开发具有引导潮流的水平，通过独特的创意、新型材料、合理的色彩、高品质的工艺，树立了独特的品牌形象。道具的材料、材质、色彩及工艺要凸显品牌形象，体现时尚的节奏。目前男装卖场装修中，用的比较多的材料是有机玻璃、钢化玻璃、不锈钢、实木、皮、铝合金嵌条等，实木、仿木的材质与自然相关，会显得朴实、亲切，玻璃、不锈钢等显得现代、时尚。当然，同样的材料在材质上以及制作工艺上区别会很大，这跟品牌的档次有关，也跟品牌所要打造的理念有关，档次高的品牌对材质及工艺要求就高，反之就低。

道具要结合产品的特点来设计，以便采用合适的、人性化的陈列方式。0.8~1.7m 高的位置因方便顾客的拿放而放一些主要的产品，或高或低的位置因不方便顾客的拿放适合放一些饰品或辅助的商品。在卖场里还会有很多装饰性的道具，营造一种氛围，如图 6-12~图 6-14所示。

图 6-12　道具一

图 6-13　道具二

图 6-14　装饰道具

　　模特是品牌个性形象的重要体现，选好模特是展示品牌形象的重要手段，在卖场内起到画龙点睛的作用。Armani 的模特设计一直走在前沿，那种扁平的、松垮式的、立体感不是很强的模特，体现出 Armani 式的优雅与简约。而在年轻的 Armani 品牌中，推出有机的彩色模特，一下子吸引公众的视线。Zegna 选用精神饱满的、挺胸的、健壮的模特形象，体现出稳重、自信的形象特点。运动类男装品牌、休闲类男装品牌会选择精神饱满的、健康体态的模特以彰显其健康的美感。一些时尚休闲类的年轻品牌会选择夸张体态的模特进行出样，以体现其动感的、随意的、年轻的、活泼的品牌形象特点，如图 6-15、图6-16 所示。

图 6-15　模特一

图 6-16　模特二

## 四、灯光与装饰

　　有光就有色，灯光照明不仅具有显示物品色彩的特性，还有营造卖场氛围，提升品牌形象，体现商品层次，吸引顾客注意，引导顾客视觉导向的作用。"照明效果应能够提高消费者的购物欲望促进顾客完成购物行为，帮助卖场完成销售任务"。不同的灯光给顾客不同的想象，有些还能起到装饰卖场的作用。男装品牌在卖场内的灯光大多采用显色性好的白炽灯，或者忠实于原色的暖色灯。在橱窗灯光的选色中大多为了营造气氛，会选择有色光，以诉求商品的情感的同时传播品牌形象，以此达到与受众的情感交流，吸引消费者的视线。卖场内大多采用投射光或者轨道光照射到商品之中，这种光使商品产生比较强的明暗对比，采用45°角的投射使商品产生很好的效果；也有一些采用侧光和底光的照射，这种光大多和顶光结合起来用，减弱因顶光的投射产生的强烈的明暗效果，使照射到的商品更加鲜艳、材质更加精制，设计细节更加突出，如图6-17所示。图6-18、图6-19是通过有色灯光和LED变色灯光的照明产生的不同的色光给人不同的情感反应。

强光投射：动感、神秘

灯光照明：层次感　　　　　　　　　　　灯光弱照明：安静、舒适

图 6-17　不同灯光照明的店铺形象

图 6-18　有色灯光的情绪反应

图 6-19　LED 灯光变换不同的色彩吸引公众视线

## 五、音乐与气味

背景音乐要选择与品牌形象相一致的音乐。如果背景音乐选择不好，对消费者来说，就会变成噪声，产生不愉快的感觉。如今很多品牌会在店内装上 LED，通过大屏幕向顾客播放一些品牌的时装秀、品牌的历史文化和设计师的介绍等，当然有些还通过网络平台，如微信公众号、抖音、直播等新媒体，让顾客充分感受卖场的文化氛围。奢侈品牌的服务员招待消费者的声音音量控制得非常好，轻轻地、柔柔地，让你能体会到该品牌丰富的内涵，而其不紧不慢地介绍产品的水平又是如此的专业，加上恰当音量而优雅的背景音乐，一份宾至如归的感觉截然而至。此时，顾客也会不由自主地压低询问的语调，形成和谐的一曲。年轻时尚品牌的服务人员大多会紧随消费者，不断地介绍产品的特点，而背景音乐的选择也是激动人心的、快节奏旋律的音乐，让消费者也有一种加快节奏决定买与不买的欲望。卖场的气味是由店内的空气清新剂和香水所组成，良好的气味会使顾客产生美好的联想。要选择目标消费群能够喜爱的气味，不能与环境和风格形成冲突。

## 六、橱窗

橱窗陈列作为终端卖场视觉营销的眼睛，是品牌形象最佳的传播者。运用橱窗的创意手段，即运用独特的视觉符号讲述一个能勾起消费者情感互动的故事，进而吸引消费者的视线，让他们有消费的欲望。

橱窗充分运用时间营销的概念，根据新品上市计划以及一些重点节假日的营销策略，进行时间段的橱窗陈列。例如，春装上市、劳动节、父亲节、秋装上市、国庆节、圣诞节和春节期间，根据各种节日进行有针对性的重点橱窗陈列设计，以提醒每一位路过的顾客新品的上市和节日的到来。Zara 品牌每两周就会在橱窗上进行陈列的变化，橱窗设计如流行时尚杂志的封面一样，告知受众时尚、流行的信息，塑造出时尚重细节的男性形象，引领消费者追随世界服装潮流，从而促进销售。

商务品牌通过灯光、道具、服装系列的组合，非常注重细节的设计与陈设，营造出与品牌形象相一致的生活理念和生活方式为主导的橱窗陈列，传播商务、自信、稳重的品牌形象。休闲品牌充分利用道具与服装系列的出样组合，形成一种与休闲品牌相一致的生活方式，引导消费者对这种生活方式的向往，传播休闲的品牌形象。运动品牌的橱窗设计经常会以巨大的该项项目的明星广告为背景，然后在它的前面站立一排或几个着装后的模特造型和运动的道具，以一种强大的运动气势刺激消费者的感官，树立运动、健康的品牌形象，如图 6-20～图 6-23 所示。

图 6-20　橱窗一

图 6-21　橱窗二

图 6-22　橱窗三

图 6-23　橱窗四

# 第三节　男装店铺视觉要素与陈列方式

## 一、视觉要素

店铺的视觉要素由演示空间（Visual Presentation，简称 VP）、展示空间（Point of sale Presentation，简称 PP）、陈列空间（Item Presentation，简称 IP）三个部分所构成。

演示空间指在商场内，顾客视线最先达到的地方是橱窗和演示展台。演示空间涵盖品牌特征、企业文化、时尚理念、流行趋势等内容。表现商店主题、流行趋势、季节变换的空间，把商店或卖场的政策和商品战略传达给顾客的空间，所以要明确表达主题。起到诱导和说服顾客购买的作用，应选择流行趋势强，利润高，色彩度高，库存量多，能够强调季节性的商品为宜，如图 6-24 所示。

图 6-24　演示空间

展示空间指能够让顾客视线在卖场停留更长时间，从而达到销售联系作用的地方。它是"商店内部角落的脸"，能协调和促进相关销售的有魅力的空间；它是商品陈列计划的重点，起到引导销售的作用，通常以正挂的空间来表现，把款式、色彩和特征相似的商品组织调整在一起。

陈列空间指达到销售的最终目的的空间，属于品类陈列或色彩陈列，是卖场内货品储量最多的空间。应正确掌握季节感和顾客的爱好，进行有规划的陈列才是最重要的，如图 6-25 所示。

图 6-25　展示空间和陈列空间

## 二、陈列方式

从卖场陈列的道具来分，有货架陈列、中岛陈列、饰品陈列，如图 6-26~图 6-30 所示。另外，在陈列时还要做好色彩陈列，如图 6-31 所示。

图 6-26　货架陈列

正挂、侧挂每款出样2件，
前后尺码为170码、175码

饰品无损坏，按陈列要求摆放

裤子出样尺码为30码、31码

侧挂出样六件，上衣尺码170码、175码,裤子尺码30码、31码

上衣出样两件，从前到后依次为170码、175码

裤子出样两件，从前到后依次为30码、31码

(1)衣架款式统一，正挂挂钩一律朝左，侧挂挂钩一律朝里
(2)侧挂服装正面朝左，衣架、裤架相间排列，间隔一致
(3)同一个仓位里的包、鞋等饰品的风格要和仓位货品风格相搭配
(4)出样在正挂和侧挂下方的两款鞋子和最上方的鞋子是利用三角形原则陈列

图 6-27 货架陈列方式（设计：牟笑君，杜雅艳；指导：张剑峰）

图 6-28 中岛陈列

图 6-29　中岛陈列方式（设计：何园，杜雅艳；指导：张剑峰）

图 6-30　饰品陈列

图 6-31 色彩陈列方式

　　产品设计完之后，形象推广部要对产品进行分析。例如，每一波段产品的主推款式，怎样搭配，本季的橱窗设计应该如何表现设计主题，重点陈列怎么体现，店面的 POP 如何设计等。下面就某一系列产品的陈列、搭配方式进行说明，如图 6-32～图 6-39 所示。

图 6-32 案例陈列方式分析一（设计：牟笑君；指导：张剑峰）

图6-33 案例陈列方式分析二（设计：何园；指导：张剑峰）

图6-34 案例陈列方式分析三（设计：蒋欣慰；指导：张剑峰）

图6-35　案例陈列方式分析四（设计：杜雅艳；指导：张剑峰）

图6-36　案例陈列方式分析五（设计：周玲莹；指导：张剑峰）

搭配方式 S2

福尔摩斯
猎鹿帽

经典条纹领带
商务白衬衫
复古V领针织马甲
披肩式大衣
复古牛皮带
商务男西裤
复古皮鞋

图 6-37　案例陈列方式分析六（设计：郑美霞；指导：张剑峰）

橱窗设计 S2　　　　　　主推款式 S2

传奇男人福尔摩斯
元素一：　煤油灯与日光灯，古代与现代
元素二：　麻绳与麻绳组成的织网意：天罗地网的笼络市场
元素三：　木桩，代表着沉淀于品位
元素四：　枫叶，顾客象征

图 6-38　案例陈列方式分析七（设计：郑美霞；指导：张剑峰）

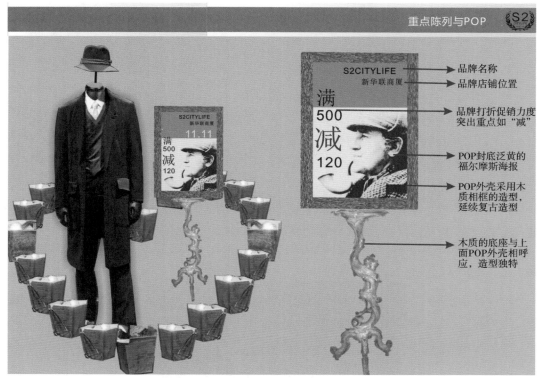

图 6-39　案例陈列方式分析八（设计：郑美霞；指导：张剑峰）

# 第四节　男装陈列特点

　　总结上一节中对典型品牌终端形象案例的分析，再根据男性的着装特点、着装心理、消费心理，概括出以下八个方面的男装陈列特点。

## 一、品质感

　　男性着装最大的特点就是彰显自信，对品质感的要求胜过女性。卖场的品质感是品牌形象的体现，反映出品牌的档次、品位，通过良好的店铺陈列氛围、品质感的陈列方式、服务人员的礼仪和着装以及店铺的卫生和整洁度来体现，如图6-40、图6-41 所示。

图 6-40　男装品牌品质感陈列一

图 6-41　男装品牌品质感陈列二

## 二、"色彩营销"陈列

"色彩营销"是根据美国研究得出的 7 秒钟定律应用，让消费者通过最先的色彩视觉感受来设计店铺的色彩、营造氛围吸引消费者。每个人对色彩喜好不同，也就使得色彩组合时呈现不同的视觉效果，有动有静，动静结合，男装陈列的色彩搭配有以下几个特点。

### （一）色系陈列

#### 1. 同一色系陈列

将同一色系进行陈列出样会使陈列整体色彩醒目、协调且富有层次感，运用在商务、休闲男装品牌中较多，如图 6-42 所示。

图 6-42　同一色系陈列

#### 2. 对比色系陈列

使用对比色系进行陈列的卖场则显得活泼、年轻、动感，可以起到平衡空间的作用，一般运用在运动、休闲男装品牌，如图 6-43 所示。

图 6-43　对比色系陈列

### 3. 中性色系陈列

中性色系陈列是在男装陈列中运用最多的色彩陈列，使整体显得大气、沉稳，如图6-44所示。

图 6-44 中性色系陈列

### （二）色彩平衡感、节奏感的陈列

### 1. 注重色彩平衡感的陈列

陈列时考虑色彩的轻重感，可以使店铺内的陈列达到一种色彩的平衡，如将对比色陈列在相邻的货架中，形成视觉上的平衡等，如图6-45、图6-46所示。

图 6-45 注重色彩平衡感的陈列一

图 6-46　注重色彩平衡感的陈列二

**2. 注重色彩节奏感的陈列**

色彩节奏感的陈列是通过色彩的渐变、间隔、彩虹法等变化来体现，如图 6-47 所示。

图 6-47　色彩间隔陈列

**（三）流行色系陈列**

为了让品牌具有时尚感，因此，在橱窗的陈列中，经常会将新品的流行色系进行系列化的陈列，以吸引时尚消费者的眼球。

**三、生活方式陈列**

21 世纪以来，快节奏的社会环境，让男性更加注重健康、环保、休闲、运动、旅游。工作环境也从单一的办公室扩展到了咖啡厅、茶室、饭桌等休闲场所。为迎合男性在不同场所的着装，通过对服装、道具、饰品等别出心裁的组合，搭配出一种与目标消费群相匹配的生活式陈列，让顾客被营造的生活氛围所打动，产生对这种生活方式的遐想和认同，如图 6-48 所示。

#### 四、与品牌形象相关联的橱窗陈列

男装品牌橱窗陈列设计重视橱窗创意设计与品牌文化、品牌形象的关联性，在传播品牌形象的同时，引导时尚潮流和生活理念，如图 6-49、图 6-50 所示。

图 6-48　生活方式陈列

图 6-49　Louis Vuitton 橱窗陈列

图 6-50　TOD'S 橱窗陈列

休闲品牌充分利用道具与服装系列的出样组合，营造一种与休闲品牌相一致的生活方式，引导消费者对这种生活方式产生向往，传播品牌形象，如图 6-51 所示。

运动品牌的橱窗设计经常会以巨大的明星广告为背景，然后在前面摆放站立成一排的着

装模特，并搭配相关的运动道具，以一种强大的运动气势刺激消费者的感官，树立运动、健康的品牌形象。例如，耐克（Nike）在2012年英国一家店铺里的陈列，就是采用两组服装成对面站立，形成一种球场里两队对抗的真实生活场景体现，服装上还粘着泥土，可以使顾客产生丰富的联想，如图6-52所示。

图6-51　休闲品牌的陈列　　　　　　　图6-52　运动品牌陈列

商务品牌通过灯光、道具、服装的系列组合，注重细节的设计与陈设，设计出与品牌形象相一致的生活式创意橱窗，传播商务、自信、稳重的品牌形象，如图6-53所示。

## 五、连带陈列

连带陈列是以男性消费者的消费特点为出发点进行陈列的一种技巧，可以提升每单消费金额，促进销售。例如，在商务服装的终端零售业中，将西服套装、衬衫、领带、皮带、装饰袖扣以及包、鞋子放在一起陈列，可以达到连带销售的效果，提高销售额，如图6-54所示。

图6-53　商务服装的品牌陈列　　　　　　图6-54　连带陈列

### 六、模特陈列

将服装、饰品进行精心搭配后穿着在模特（可以是人台、人体模型和营业员）身上，是给消费者直观体验的一种陈列方式。当消费者看到模特展示的服装后，首先会联想到自己穿着这些服装后的效果，在试穿后，经常会将模特穿着的效果强加到自己的身上，形成一种无法抗拒的心理，从而激起购买欲望，如图6-55所示。

### 七、突出服装设计特点的陈列

男装廓型的变化不是很大，集中在T型和H型上，主要在一些款式细节、内部里布结构及配色、新颖面料、局部流行色点缀、新的花色图案等方面有所变化，并且男性消费者习惯看服装陈列的整体效果，不会像女性消费者一样一件一件地挑选，因此，这些设计的特点需要通过陈列生动而巧妙地展

图6-55 模特陈列

示出来，以体现产品设计的新颖性和时尚感，也方便男性消费者挑选，如图6-56所示。

图6-56 突出服装设计特点的陈列

### 八、经常变换的陈列

为了让卖场一直保持新鲜感，最好一到两周就能调换服装陈列的位置，让消费者产生视觉上的新奇感，从而激起消费者好奇心。

例如，国际品牌Zara几乎每两周就调换服装陈列的位置，让消费者每次光顾卖场都有新品上市的感觉。这样，消费者在挑选服装的过程中，就会产生一种今天不买下次就会被卖光

的心理，因此，一旦看中就会立刻购买。据有关数据显示，消费者年平均光顾 Zara 店的次数达到了 17 次之多，而行业平均水平仅为 3~4 次。

## ☞ 思考题

进行品牌男装陈列时需要注意哪些方面？

## ☞ 课后作业

为上一章的产品系列设计完成一个系列的陈列方案。

# 参考文献

［1］迈克·伊西. 服饰营销圣经［M］. 金凌，高姝月，潘静中，译. 上海：上海远东出版社，2002.

［2］苏珊娜·哈特，约翰·莫非. 品牌圣经［M］. 高丽新，译. 北京：中国铁道出版社，2006.

［3］赵平. 服饰品牌商品企划［M］. 北京：中国纺织出版社，2005.

［4］杨琴. 企划经理日智［M］. 北京：机械工业出版社，2006.

［5］刘鑫. 定位决定成败［M］. 北京：中国纺织出版社，2007.

［6］理查德·索格，杰妮·阿黛尔. 时装设计元素［M］. 袁燕，刘驰，译. 北京：中国纺织出版社，2009.

［7］苏·詹金·琼斯. 时装设计［M］. 张翎，译. 北京：中国纺织出版社，2009.

［8］刘晓刚. 品牌服装设计［M］. 2版. 上海：东华大学出版社，2007.

［9］麦可思研究所. 大学生求职决胜宝典（2010年版）［M］. 王伯庆主审. 北京：清华大学出版社，2010.

［10］李好定. 服装设计实务［M］. 刘国联，赵莉，王亚，等译. 北京：中国纺织出版社，2007.

［11］庄立新，胡蕾. 服装设计［M］. 北京：中国纺织出版社，2003.

［12］熊晓燕，江平. 服装专题设计［M］. 北京：高等教育出版社，2003.

［13］李春晓，蔡凌霄. 时尚设计·服装［M］. 南宁：广西美术出版社，2006.

［14］黄嘉. 创意服装设计［M］. 重庆：西南师范大学出版社，2009.

［15］胡小平. 服装设计表现的突破［M］. 西安：西安交通大学出版社，2002.

［16］林松涛. 成衣设计［M］. 北京：中国纺织出版社，2008.

［17］邵献伟. 服装品牌设计［M］. 北京：化学工业出版社，2007.

［18］张晓黎. 从设计到设计——服装设计实践教学篇［M］. 成都：四川美术出版社，2006.

［19］张晓黎. 服装设计创新与实践［M］. 成都：四川大学出版社，2006.

［20］约翰·T. 德鲁，萨拉·A. 迈耶. 色彩管理［M］. 连冕，张鹏程，译. 北京：中国青年出版社，2007.

［21］南云治嘉. 色彩战略——色彩设计的商业应用［M］. 北京：中国青年出版社，2006.

［22］布鲁诺. 物生物——现代设计理念［M］. 曾培，洪进丁，译. 北京：博远出版有限公司出版，1989.

［23］王受之. 世界现代设计史［M］. 北京：中国青年出版社，2002.

［24］王受之. 世界时装史［M］. 北京：中国青年出版社，2002.

［25］陈美芳. 实用服装设计［M］. 台北：艺风堂出版，1993.